稀奇古怪的昆虫

主编/ 付振轩

新疆文化出版社

图书在版编目（ＣＩＰ）数据

稀奇古怪的昆虫 / 付振轩编. –– 乌鲁木齐 : 新疆
文化出版社, 2023.11
ISBN 978-7-5694-4079-9

Ⅰ.①稀… Ⅱ.①付… Ⅲ.①昆虫 – 青少年读物
Ⅳ.①Q96–49

中国国家版本馆CIP数据核字(2023)第218354号

稀奇古怪的昆虫
Xiqiguguai De Kunchong

主　编　付振轩
选题策划　郑小新
出版策划　盛世远航
责任编辑　张　翼
排版设计　盛世远航
出　版　新疆文化出版社
地　址　乌鲁木齐市沙依巴克区克拉玛依西街 1100 号（邮编 830091）
发　行　全国新华书店
印　刷　三河市九洲财鑫印刷有限公司
开　本　787 mm×1 092 mm　1/16
印　张　8
字　数　128千字
版　次　2023年11月第1版
印　次　2023年12月第1次印刷
书　号　ISBN 978-7-5694-4079-9
定　价　79.00元

前言

昆虫是地球上种类最多的一个动物类群。昆虫的历史悠久、数量惊人、分布广泛，这是其他动物无法与之相比的。无论是沙漠或丛林，冰川或山地，从天涯到海角，从高山到深渊，从赤道到两极，昆虫的踪迹遍布世界的每一个角落。每一个淡水或陆地栖所，只要有食物，都是昆虫安居乐业的家园。这样广泛的分布，说明昆虫的适应能力十分惊人，这也是昆虫种类繁多的生态基础。

昆虫王国是个充满乐趣的世界，也有着众多稀奇古怪的秘密。在这本书中你会了解到：昆虫界中的"巨人"、大鸟般的蝴蝶、最长寿的蟑螂、昆虫界的飞行冠军、朝生暮死的短命虫、长鼻子的甲虫、昆虫界的四不像、具有强大爆发力的蚁……

本书分为昆虫知多少、昆虫中的巨无霸、昆虫世界的大明星、身着铠甲的甲虫、翩翩起舞的蝶蛾、团结协作的蜂蚁、长得像昆虫却不是昆虫共七个部分，内容集知识性、趣味性、科学性于一体，以轻松、活泼、有趣的语言介绍了昆虫世界的稀奇古怪。同时，书中还配有大量精美的高清图片，让你在学习昆虫知识的同时，获得更为广阔的视野。

读者朋友们，你们准备好了吗？让我们一起开始这一次昆虫王国的趣味旅行吧。

Contents 目录

第1章
昆虫知多少

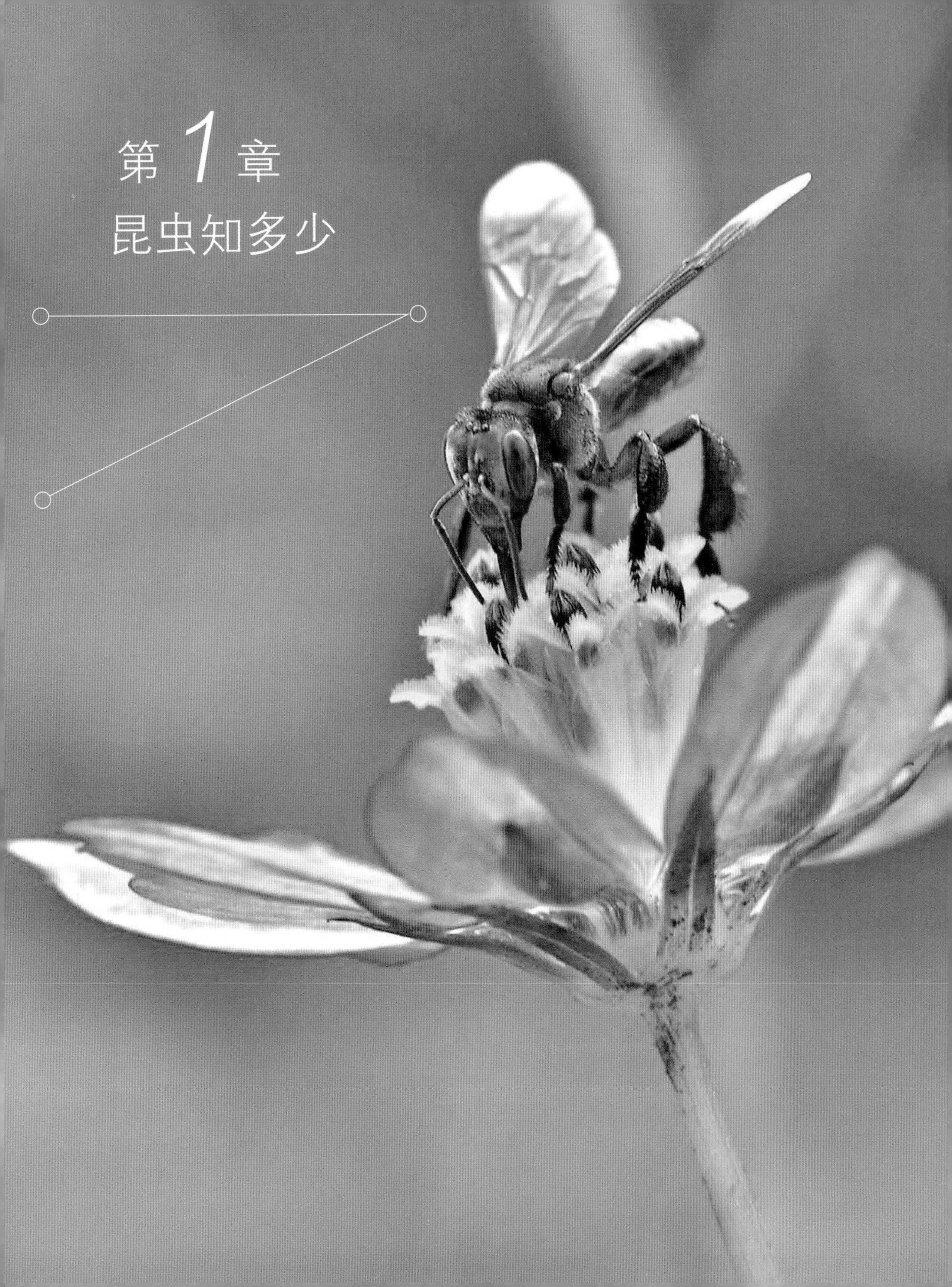

昆虫的祖先是谁

根据考古发现，最早的昆虫可追溯到 4.4 亿～3.6 亿年前的志留纪和泥盆纪，这个时间要比我们人类的直接祖先——陆生脊椎动物早了 3000 万年以上。

通过对昆虫化石上的身体形状及其他一些考古发现推测，昆虫的祖先应该是每个体节都有一对附肢的蠕虫状动物。时至今日，昆虫仍然保留蠕虫的一些特征，其中最明显的就是昆虫的幼虫，其体态和蠕虫非常相像。

在昆虫诞生的 4 亿年前，陆地上没有更大的动物同它们竞争，哺乳动物、鸟类、两栖动物都是在其后很久才产生，昆虫在这块大陆上并没有天敌，可以完全按照自己的意愿进化和扩展。这为日后成为地球上种类最多、数量最多的家族奠定了进化方面的基础。

昆虫在地球上的生存与发展并非一帆风顺，也曾经历过几次大的起伏。距今 2.3 亿～1.9 亿年前的中生代，地球上的气候发生了突如其来的变化，生机勃勃的陆地由于干旱而变成不毛之地，这就使植食性昆虫失去了赖以生存的食源。许多昆虫不能适应环境的剧变，在此阶段中灭绝。

怎样识别昆虫

昆虫在动物界中属于节肢动物门中的昆虫纲。在我们日常生活中经常见到的蝴蝶、蛾类、苍蝇、蚊子、蜂、蚂蚁等都是昆虫。其主要特征如下：

1. 身体可分为头、胸、腹3个部分。

2. 头部是感觉和取食中心，具有口器（嘴）和1对触角，通常还有复眼及单眼。

3. 胸部是运动中心，成虫阶段有3对足，一般还有2对翅。

4. 腹部是生殖与代谢中心，包含着生殖器和大部分内脏。

5. 昆虫在生长发育过程中要经过一系列内部及外部形态上的变化，才能转变为成虫。这种体态上的改变称为变态。

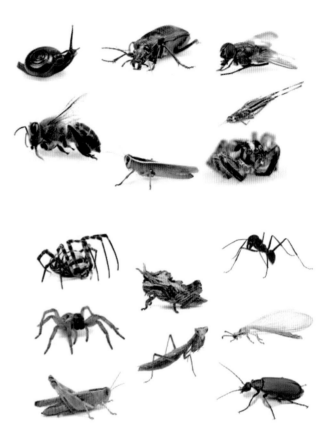

世界上有多少种昆虫

最近的研究表明，全世界的昆虫可能有1000万种，约占地球所有生物物种的一半。但目前有名有姓的昆虫种类仅100万种，占动物界已知种类的60%～75%。由此可见，世界上的昆虫还有90%的种类我们不认识；按最保守的估计，世界上至少有300万种昆虫，那也还有200万种昆虫有待我们去发现、描述和命名。现在世界上每年大约发现1000个昆虫新种，它们被收录在《动物学记录》中，所以，该杂志是从事动物分类的研究人员必须查阅的检索工具。

在已定名的昆虫中，鞘翅目（甲虫）就有33万种之多，其中象甲科最大，包括6万多种，是哺乳动物的10倍。鳞翅目（蝶与蛾）次之，有约20万种。膜翅目（蜂、蚁）和双翅目（蚊、蝇）都在15万种左右。

昆虫不仅种类多，而且同一种昆虫的个体数量也很多，有的个体数量大得惊人。一个蚂蚁群可多达50万个体。一棵树可拥有10万的蚜虫个体。在森林里，每平方米可有10万头弹尾目昆虫。蝗虫大发生时，个体数可达7亿～12亿之多，总重量1250～3000吨，群飞覆盖面积可达5～12平方千米，可以说是遮天盖日。

昆虫生活在哪些地方

昆虫种类这么多，因此它们的生活方式与生活场所必然是多种多样的，而且有些昆虫的生活方式和生活本能的表现很有研究价值。可以说，从天涯到海角，从高山到深渊，从赤道到两极，从海洋、河流到沙漠，从草地到森林，从野外到室内，从天空到土壤，到处都有昆虫的身影。不过，要按昆虫最适宜的活动场所来区分，大致可分为五类。

1. 在空中生活的昆虫：如蜜蜂、马蜂、蜻蜓、苍蝇、蚊子、牛虻、蝴蝶等。
2. 在地表生活的昆虫：常见的有步行虫（放屁虫）、蟑螂等。
3. 在土壤中生活的昆虫：常见的有蝼蛄、地老虎（夜蛾的幼虫）、蝉的幼虫等。
4. 在水中生活的昆虫：如半翅目的负子蝽、田鳖、龟蝽、划蝽等，鞘翅目的龙虱、水龟虫等。
5. 寄生性昆虫：主要有小蜂、姬蜂、茧蜂、寄蝇等。

昆虫为什么这样多

在我们的日常生活中，无时不在直接或间接与昆虫发生着关系。特别是在春暖花开以后，严冬降临之前的这段季节里，昆虫数量之多，可以说举目皆是。我们除了饱受蚊虫叮咬与苍蝇骚扰之苦外，稍不小心便会有虫飞进眼里，或被蜂类蜇痛，或被毒虫咬伤。即使是储藏起来的食品和衣物也常遭害虫的蛀食。

有一些昆虫则令我们赏心悦目，例如，蝴蝶被人们比喻为会飞的花朵；蝉被誉为大自然中的歌星；蟋蟀被称为忠勇大将军；还有酿蜜的蜜蜂、吐丝的蚕儿、发光的萤火虫、空中巡逻的蜻蜓、漂亮的花大姐，等等。

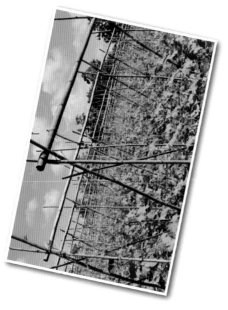

那么，昆虫为什么这样多呢？主要有以下几个原因：

1. 昆虫是无脊椎动物中唯一有翅的动物。飞行使昆虫在觅食、求偶、避敌和扩大分布范围等方面都比陆地动物要技高一筹。

2. 昆虫一般身体都比较小。型小只需要很少量的食物就能完成生长发育，而且便于隐蔽；体型小对昆虫的迁移扩散十分有利，这样就扩大了它们的生活范围，并且增加了选择适合于生存环境的机会。

3. 食源广。昆虫口器类型的分化，特别是从吃固体食物变为吃液体食物，扩大了食物范围，昆虫的食料来源之广，可以说是遍地都是，到处都有。

4. 昆虫有惊人的繁殖能力。多数昆虫的雌虫产卵都在 100 粒以上，而社会性昆虫和具有孤雌生殖特性的昆虫的繁殖能力更强。

5. 多变的自卫能力和较强的适应能力。昆虫在地球上的历史至少已经有三亿五千万年了。一些种类可以忍受 -50℃的严寒,而另一些种类则可以栖息在 49℃高温的沙漠或温泉中。

6. 完全变态与发育阶段性。绝大多数昆虫属于完全变态类,即幼虫和成虫在形态、食性和行为等方面明显分化,这种分化借助一个静止的蛹期来实现。这样,既扩大了同种昆虫的食料来源,满足了昆虫的营养需求,也是对外界环境的高度适应。

昆虫就是凭着它们自身超群的适应性和顽强的求生本领,经过漫长的历史长河,不断发展壮大起来,成为最鼎盛的家族"占领"着地球。

第 2 章
昆虫中的巨无霸

Dang'an 档案

又　　称：巨甲虫、泰坦大天牛
分布区域：委内瑞拉、哥伦比亚、厄瓜多尔、秘鲁、
　　　　　圭亚那及巴西中北部热带雨林
分　　类：节肢动物门—昆虫纲—鞘翅目—天牛科

在素有"世界动植物王国"之称的亚马逊热带雨林里，各类物种繁衍生息。其中不乏鲜为人知的神秘甲虫，有种昆虫叫"泰坦甲虫"，是世界上最大的昆虫之一。

亚马逊"温柔巨兽"
——泰坦甲虫

昆虫界里的"巨人"

成年泰坦甲虫体形庞大，躯干长达12~17厘米，而它们的触须长度大约为身长的一半，如果算上触角的长度，总长可达18~23厘米。单从长度上讲，泰坦甲虫甚至超过某些成年的吉娃娃犬。

由于体形太大，以至于泰坦甲虫无法从地面起飞，它们只有爬到树上，借助树的高度，然后一跃而下展翅飞行。

毫不费力地咬断一支铅笔

泰坦甲虫外形凶悍，拥有坚硬的外骨骼，以及强有力的下颚，能毫不费力地咬断一支铅笔，当然也能轻易切入人类的皮肤。不过不必担心，泰坦甲虫性格温顺，在遇到危险时，它们只是发出嘶嘶声来恐吓敌人，若是敌人不懂得知难而退，才会发起攻击。

成年泰坦甲虫几乎从不进食

这种温顺的甲虫堪称世界上最神秘的生物之一。成年泰坦甲虫没有进食的器官，虽然它们长着一张锋利的嘴，但那只是它们用来防御敌人的武器，成年泰坦甲虫几乎从不进食。因为它们在蛹的阶段已经积攒了足够的能量，可以依靠储存的能量来度过余生。

难觅踪影的泰坦甲虫幼虫

泰坦甲虫的幼虫至今也未被发现，科学家们只能根据它们隐藏的树洞的大小，判断幼虫的直径约 0.6 厘米，身长约 0.3 厘米，并推测它们以腐烂的木头为食，数年后才完全长大变成成虫。

备受青睐，价值不菲

如今，泰坦甲虫成为许多人猎奇的对象，人们可以观看它们的栖息地，还能买到泰坦甲虫的标本，不过这些标本价格昂贵，一个常规体形的泰坦甲虫标本售价高达 500 美元。即便如此，仍然有很多人愿意花高价购买，留作纪念。

比成人手掌还大的蛾
——乌桕大蚕蛾

Dang'an 档案

又　　称：皇蛾、蛇头蛾
分布区域：中国南部、东南亚、印度、马来群岛等
分　　类：节肢动物门—昆虫纲—鳞翅目—大蚕蛾科—大蚕蛾属

　　乌桕大蚕蛾是世界最大的蛾类，翅展可达20多厘米。当它们的翅膀张开到极致时，面积可达400平方厘米，就像小学生练习册那么大。乌桕大蚕蛾的腹部毛茸茸的、圆滚滚的，与它的翅膀相比，就像是迷你小香肠。雌性皇蛾的体形普遍比雄性的大，然而雄性皇蛾的触须却比雌性的更为宽阔稠密。

充满迷幻的翅膀

乌桕大蚕蛾的翅膀大多呈红褐色，布有整齐的白色、紫红色、棕色线条。前、后翅的中央各有一块透明的三角形斑块。前翅有突出的顶角，沿着前翅的边线微微向下弯曲，形成一个圆润的弧度，像蛇头似的，上缘还有一枚黑色圆斑，像极了蛇眼，能起到恫吓天敌（鸟类）的作用，令他们知难而退。所以它又叫蛇头蛾。

短暂的一生

乌桕大蚕蛾的一生非常短暂，从成卵至死亡，仅历时 2~3 个月时间。成虫期的它们只能活一至两周，因为口部器官退化，不能进食，它们仅靠幼虫时代吸取在体内的剩余脂肪维持生命，交尾和产卵后便会死去。所以，它们一门心思只想着如何孕育下一代。

你知道吗？雄性乌桕大蚕蛾的头顶长有一对触角，呈羽毛状，十分敏锐，即便远在数千米之外，只要顺风，它们就能感应到雌性乌桕大蚕蛾的所在。

蛾栖息的范围越来越小，再加上人类的过度捕捉，数量已经急剧减少。为了保护这种稀有的蛾，我国已经将乌桕大蚕蛾列为国家保护动物。

身披五彩衣的杀手
——蜘蛛鹰胡蜂

蜘蛛鹰胡蜂体长可达5厘米，体色为深蓝色，翅膀为明亮的橙红色，模样十分漂亮，这使得其他的掠食性动物非常警惕。蜘蛛鹰胡蜂喜欢独居，性情极其凶猛，但是它很少攻击人类，对人类几乎没有什么威胁。

但一旦被蜘蛛鹰胡蜂叮咬，会让人疼得死去活来。就像被雷电击中了一样，人会禁不住尖叫甚至因极度痛苦而扭动或翻滚，仿佛体内每一丝肌肉都被它击中了。所以，若遇到这种胡蜂，一定不要招惹它们，要躲得远远的，防止被咬伤。毕竟，那种疼痛可不是一般人可以承受的。

Dang'an 档案

又　　称：狼蛛鹰、沙漠蛛蜂、塔兰图拉毒蛛鹰黄蜂

分布区域：南亚、东南亚、非洲、大洋洲和美洲

分　　类：节肢动物门—昆虫纲—膜翅目—胡蜂科

两种得力武器

蜘蛛鹰胡蜂是极具危险性的昆虫，不少动物都怕它，天敌相对也很少。它在打斗时，会用长腿上的钩爪结束受害者的生命。它的刺更厉害，一只雌性蜘蛛鹰胡蜂的刺可长达7毫米，它们的刺被评为世界上最厉害的刺之一。

狼蛛是一种毛茸茸的可怕蜘蛛。它的腹部长有密密的黑色绒毛和褐色的条纹，还长着8只黑色的眼睛。它的武器是两颗毒牙，狼蛛一捉到猎物就会立刻杀死并且吃掉它们，非常凶残。

在狼蛛身上产卵

不同于其他有毒动物，蜘蛛鹰胡蜂的毒液不是用来进行自身防御的，而是用来毒倒狼蛛，给自己的孩子当美餐的。雌性蜘蛛鹰胡蜂会在已被毒昏的狼蛛上产下1枚卵。这么奇怪的行为是怎么回事呢？原来，狼蛛被毒晕以后，注定只有死路一条。慢慢地，蜘蛛鹰胡蜂的卵孵化成幼虫，幼虫在生长过程中，就会享用美味的食物了。

Dang'an 档案

又　　称：亚历山大鸟翼蝶
分布区域：巴布亚新几内亚东部
分　　类：昆虫纲—鳞翅目—凤蝶科—鸟翼蝶属

亚历山大女皇鸟翼凤蝶雌蝶有7~8厘米的体长，翅膀展开通常能达到30厘米，不过，雄蝶的翅膀展开往往只有16~20厘米。它是世界上已知最大的蝴蝶。

鸟翼凤蝶是大型蝶，多具有金绿、蓝或橘黄色等鲜艳的花纹，雄蝶尤其美丽。

大鸟般的蝴蝶
——亚历山大女皇鸟翼凤蝶

亚历山大女皇鸟翼凤蝶的发现

在英王爱德华七世统治时期，英国自然科学家阿尔伯特·米克为收集物种，于1906年到达太平洋上的巴布亚新几内亚探险。在当地浓密的热带雨林中，他发现了一种大鸟般的蝴蝶。这种蝴蝶常常飞到雨林树群顶端，米克感到惊奇，于是就想捕捉几只做研究标本。

但由于它们飞得很高，难以捕捉，米克只好用随身携带的猎枪将它们打了下来，然后带回英国。结果英国自然历史博物馆将这些带有弹孔的蝴蝶归为鸟翼蝶属类物种，觉得这种巨大的蝴蝶必须具有高贵的名字才能匹配，于是就以英王爱德华七世皇后的名字给它命名，叫"亚历山大女皇鸟翼凤蝶"。

花间求爱

亚历山大鸟翼凤蝶在早上及黄昏十分活跃，并会在花间觅食。早上，雄蝶会在寄生植物附近寻找雌蝶。找到后会在雌蝶附近徘徊，并放出激素来吸引雌蝶进行交配。接受求爱的雌蝶会让雄蝶降落，而不接受的雌蝶则会展翅飞走。

小巧生物中为何出现巨无霸

科学家们猜测这种蝴蝶之所以会长这么大，可能和这种蝴蝶有毒有关。雌蝶和雄蝶交配后，雌蝶一般会选择在马兜铃上产卵，卵孵化出来后，幼虫会直接以马兜铃的嫩叶为食，而马兜铃含有一种有毒物质——马兜铃酸，这种霉素会散发出刺激性的气味，能保护幼虫免遭捕猎，于是幼虫得以顺利成长，直到变成巨蝶。

亟待保护的现状

亚历山大女皇鸟翼凤蝶虽然用毒素抵御了天敌，但最终难以抵御人类的入侵。随着人类活动范围的扩大，大片的热带雨林被砍伐，取而代之的是油棕榈树、咖啡树及可可树，这就使得亚历山大女皇鸟翼凤蝶的栖息地不断缩小。自 1989 年以来，这种蝴蝶就成为了濒临灭绝的物种，被列入《濒临绝种野生动植物国际贸易公约》附录一类物种。

最长寿的蟑螂——犀牛蟑螂

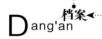
Dang'an 档案

又　　称：澳大利亚犀牛蟑螂、巨型挖洞蟑螂
分布区域：澳大利亚东部
分　　类：节肢动物门—昆虫纲—蜚蠊目—硕蠊科

犀牛蟑螂是寿命最长的蟑螂，同时也是世界上最重的蟑螂。成熟有时需要5年，寿命可以超过10年。犀牛蟑螂雌雄都没有翅膀，攀爬能力很差，但是善于挖掘，它们可以在土壤中挖掘深达1米的洞穴。

在蟑螂界小有名气

犀牛蟑螂体型最大，体重也最重。成年个体体长可达 8 厘米，体重达 63 克。它有着短小且有力的肢体，以及很有质感的强大外壳。

无微不至的父母

犀牛蟑螂幼虫的体色比成虫浅，身体也相对柔软，很容易被捕杀。因此，在变成成虫之前，幼虫往往都是躲在自己的家里，安心地等待成熟。而这段时间幼虫的所有饮食都由自己的爸爸妈妈提供。为了孩子们能吸收更多的营养，犀牛蟑螂夫妻会特意寻找一些比较鲜嫩的草叶让孩子们吃，而并不在乎它们自己吃得新不新鲜。

小心眼儿的记仇者

同其他的蟑螂一样，犀牛蟑螂也十分敏感。比如它们在某些地方受到过敌人的攻击，敌人的攻击也给自己的身体造成了一定的伤害。那么从此以后，它们这辈子都不会涉足自己的受伤地。即便某天不巧要途径此地，一旦想起当年的伤心经历，它们肯定是要绕道而行的。总而言之，它们是很记仇的，这个记仇的过程甚至会持续一生。

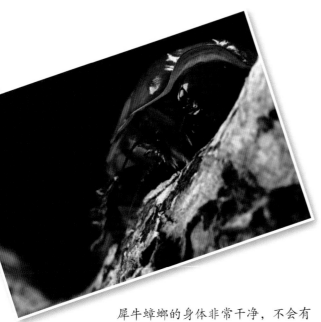

犀牛蟑螂的身体非常干净，不会有任何的臭味。令人吃惊的是，这种昆虫的智商很高，所以有些人甚至会把它们作为宠物饲养。

天生自带"地动仪"

如果想偷袭犀牛蟑螂，那很大可能是不会成功的。因为它们的胡须能够感知空气中的震动。当偷袭者刚刚靠近犀牛蟑螂时，犀牛蟑螂那独有的两根胡须就会产生反应，并将指向偷袭者的方向，从而提醒犀牛蟑螂赶紧向反方向逃跑。看上去这胡须和侦测地震的"地动仪"有些相似，不过"地动仪"只能测得动静比较大的地震，而聪明的犀牛蟑螂连细小的动静都会侦测到。

浅水中的一霸——田鳖

Dang'an 档案

又　　称：脚趾虫、水鳖虫、河伯虫、桂花蝉、水知了
分布区域：中国南方及东南亚一带
分　　类：节肢动物门—昆虫纲—半边目—异翅亚目—
　　　　　负子蝽科—田鳖属

田鳖属的昆虫通常分为2种，一种是较为常见的种类，例如负子蝽，体型不大，最大约4厘米；而另一种则是较大型少见的品种，例如大田鳖，体型最大可超出5厘米，最大品种可长到12厘米左右，相当于世界最大甲虫的尺寸，有着"水中霸王"的称号。

一对强壮的"镰刀足"

在外形上看，田鳖的头部小、身体扁阔呈椭圆形，体色多为深褐、灰褐色。一对前肢非常强壮，已演变成类似螳螂形态的"镰刀"足，末端有着尖锐的钩爪，具备极强的抓握能力。田鳖有翅膀，具有飞行能力，不过只在长途搬家时才会飞行。

冷酷无情的杀手

田鳖是一种生性凶猛的肉食性动物，通常以水蚤、蚊幼、鱼苗、蝌蚪、及豆娘的若虫为捕食对象。一般情况下，它们会静静地潜伏在水底或水边的草丛中伪装成枯叶，猎物一旦进入其攻击范围，它们便用强壮的前肢抓住猎物，同时刺吸式口器立刻对猎物注射可怕的消化液，能够迅速使猎物的软组织溶解，变成"肉汁"供田鳖吸食。

若被田鳖咬上一口，极端情况下会对人体造成永久性伤害。因此，田鳖又被戏称为"咬脚趾的动物"。

水中杀手也"负子"吗

由于田鳖与负子蝽都是由雄虫照顾卵到孵化的水栖昆虫。所以在很多时候，人们很容易将它们二者混淆，其实它们是两种不同的昆虫。田鳖雌虫在水域间的挺水植物或是木柱上产卵后，雄虫就会在卵块下方照顾卵；而负子蝽雄虫则是让雌虫将卵块产在它的翅膀上，雄虫就这样背负着卵块到处移动，因之得名。

值得一提的是，虽然田鳖是一种强大的水生掠食者，但对于我们人类来说它也具有不错的食用价值。在泰国、印度等地，田鳖经常和龙虱等其他水生食肉昆虫一起被油炸食用。在我国有关田鳖的食用文化也是源远流长。田鳖体内有香腺，会散发一股桂花香气，因此它又被冠以"桂花蝉"的称号。

昆虫界的大力神——长戟犀金龟

　　长戟犀金龟是世界上最大的甲虫之一，它的头部中央长有一个向上弯曲的角突。胸部中央也长有一个向下弯曲的角突，胸部的角突长达80毫米。鞘翅颜色变化较大，有乳白色、黄色和深褐色等，上面往往有黑色的斑点。

力大无比的巨无霸

　　说到力量最大的昆虫，要数犀金龟科的甲虫了。而长戟犀金龟作为犀金龟科中的巨无霸，更是力量之王。据说长戟犀金龟力大无比，上下角突可以轻易地将坚硬的果壳戳破。所以在欧洲，长戟犀金龟又有"赫拉克里斯"的美誉（赫拉克里斯是希腊神话中的大力神，主神宙斯的儿子）。

　　按照昆虫学上的分类，长戟犀金龟与属于鞘翅目的泰坦甲虫颇有几分相似之处。如果按绝对体积来算，长戟犀金龟是比不上泰坦甲虫的，尽管最大的长戟犀金龟的体长能

全世界有1000多种各式各样的犀金龟，南美洲和亚洲是犀金龟的宝库，盛产许多大型种类。犀金龟的雄虫看上去像一头微型犀牛，它们因此而得名。

"男人们"的战争

雄性长戟犀金龟之间常为争夺领地、食物等而发生冲突，有时还会为了争夺雌性长戟犀金龟的芳心而发生激烈的打斗。它们会用头上的长角互相搏杀，有时还会将对手举起甩向一边，或者狠刺对方的身体。胜利者将会获得和雌性大力士甲虫的交配权！随后，雌性长戟犀金龟在腐烂的木头中产下大约100颗卵。幼虫孵化出来后，它们在未来的两三年内将会以周围的腐烂木头为食，然后经过大约32天的成蛹期，蜕变为一只成年的大力士甲虫。

够达到17厘米，但其长长的触角在其中占的比例不小，而泰坦甲虫的体长往往是不算触角也能达到16厘米左右。

这么厉害的动物竟然是吃素的

长戟犀金龟成虫一般在夜晚活动，具有趋光性。它们的成虫以南美地区的腐烂树木和腐烂水果为主。所以，它们不是森林里的害虫，反而为维持生态平衡的正常循环做出了很好的贡献，是一名合格的清道夫。

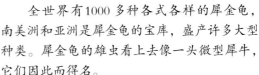

长戟犀金龟雌雄的长相区别很大，雌性身体没有角，雄性长有分叉的长角。雄性比雌性大很多，这一度让科学家以为雌性长戟犀金龟属于另外一个物种。

Dang'an 档案

分布区域：多分布热带、亚热带地区，栖息在高山、密
　　　　林和生境复杂的环境中
分　　类：节肢动物门—昆虫纲—有翅亚纲—竹节虫目

全世界的竹节虫分为5科3000多种，我国已发现过4科300多种。大多数竹节虫又细又长，像竹枝似的，中间还有节，3对细长的足就像竹枝的分叉，这种身型简直是对自己名字的完美诠释。

昆虫世界中的"伪装大师"

长相奇特，防御能力高强的竹节虫，可以在优胜劣汰的自然界生存下来，依靠的是它那首屈一指的伪装技术——形体伪装、体色伪装和变色伪装。

有的竹节虫样子像一根小树枝，颜色也大多为绿色或深褐色，像极了树木的颜色；有的竹节虫长得像一片扁平的树叶，伏在树叶丛中，更是真假难辨；还有些竹节虫像变色龙一样，随自己身处环境的不同而变色，使自己和背景色融为一体。

不仅如此，它产的卵也能和周围的环境融为一体，有的卵像一粒种子，有的卵像一颗石子，坚硬的卵壳表面呈棕黄色，混杂在枯枝落叶或杂草丛中，从而避开天敌的攻击。

会变色的伪装大师——竹节虫

隐身大侠的逃脱术

让我们来看看，竹节虫还有哪些其他厉害的招数？

有的竹节虫长着鲜艳的翅膀，当敌人出现时，它会马上张开翅膀，吓跑敌人；有的竹节虫会喷出一种恶心的液体，让敌人大倒胃口，知难而退；万一被敌人抓住了腿，竹节虫会主动将腿舍弃。

因为它拥有断肢再造的本领。在若虫阶段，它们经常会因为逃避敌害而缺胳膊断腿。但每次断肢后不久，伤口处就会长出一个弯曲的肢芽，等到下一次蜕皮以后，新的附肢就会长出来，只是一般会稍短于正常的附肢，但是一旦成为成虫，断肢再造就不可能了。

竹节虫还会突然从树上掉下去，然后躺在地上装死。因为，捕食者通常只对活的猎物感兴趣。

繁殖后代不需雄性帮忙

许多雌性竹节虫自己就能繁殖后代,在没有雄性的情况下,雌性竹节虫会产下没有受精的卵。这样的卵照样能孵化出若虫,只是孵化出来的都是雌性竹节虫。这是竹节虫在长期的物种进化过程中所形成的一种特殊的繁殖方式。

孵化宝宝时,蚂蚁来帮忙

许多竹节虫妈妈自己就能繁殖后代,一次产卵数量又相当多。这么多后代,竹节虫妈妈无法保护,怎么办呢?

这时,就要感谢蚂蚁啦。原来,竹节虫卵上都有了一个叫"头状体"的小圆块,这些小圆块很对蚂蚁的胃口。蚂蚁大军浩浩荡荡地把竹节虫卵搬回洞穴,在吃掉"头状体"后,虫卵被扔在一边,在温暖安全的蚂蚁洞穴里,虫卵就可以平安地孵化了。

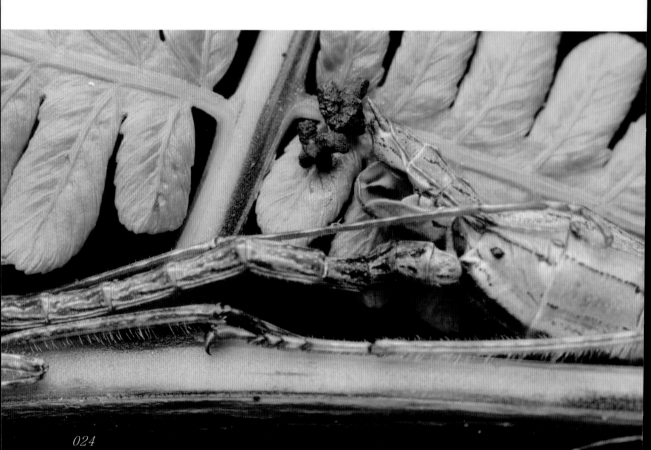

第 3 章
昆虫世界的大明星

昆虫界的飞行冠军——蜻蜓

Dang'an 档案

又　　称：猫猫丁、丁丁、蚂螂
分布区域：世界性分布
分　　类：节肢动物门—昆虫纲—有翅亚
　　　　　纲—蜻蜓目

　　蜻蜓有大大的眼睛，透明的翅膀和
细细的身体，飞行时姿态轻盈优雅，不
愧为昆虫中最有名的飞行家。对了，它
还是勇猛的空中猎手呢！

球形宝石一样的眼睛

　　蜻蜓的体长一般为3~9厘米，最大的
可达约15厘米。它大大的脑袋活动自如，
两只晶莹剔透的大复眼占了头的大部分，就
像镶嵌着两块球形宝石。它的复眼中一共
有20000~280000只小眼，构造非常特殊，
复眼上半部分的小眼专门看远处的物体，下
半部分的小眼专门看近处的。

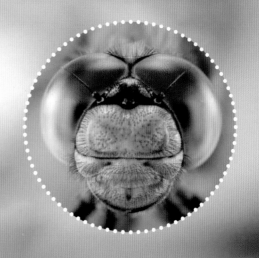

翅膀的秘密

引人注目的不仅仅是蜻蜓的眼睛，还有它那两对狭长、透明的翅膀。蜻蜓的后翅稍大于前翅，仔细观察，前后翅的翅脉也不一样。虽然翅膀又轻又薄，却可以毫不费力地承担起全身的重量。蜻蜓在飞翔的时候翅的扇动次数最少，但飞翔的速度最快，而且两对翅都可以单独扇动。

蜻蜓不但可以以每小时一百千米的速度在空中快速地飞翔几百千米，还能在 5800 米的高空飞行！

蜻蜓仅仅能活一到八个月，寿命只有水虿的十分之一。

蜻蜓点水

如果看到一对蜻蜓尾部回弯，呈圆圈状互抱在一起，好像在咬自己的尾巴，这就是雌雄蜻蜓在交尾。如果看到蜻蜓在水面上轻轻点了一下，就飞了起来。这是蜻蜓在产卵。蜻蜓的卵是在水里孵化的，所以蜻蜓有时在池塘的水面上，不时把尾巴往水中一浸一浸地低飞着，把卵产到水里。

蜻蜓的幼虫叫水虿

水虿长得一点儿也不像蜻蜓，没有翅，也没有尾巴，身体扁而宽，也有三对足。它们要在水中过很长时间的爬行生活，主要吃池塘中的蜉蝣或蚊子等昆虫的幼虫，偶尔也捕食小蝌蚪和鱼苗。

水虿在水里通过长在肠内的鳃呼吸。当被强敌追赶、万分危急的时候，它就从尾部猛地喷射出一股水流，突然增加前进的速度，从而把追赶它的敌人甩掉。

变成蜻蜓飞起来了

水虿要变为成虫,需要经过十多次蜕皮。而且,这个过程需要很长的时间,可能 2~5 年,也可能 7~8 年。当要羽化的时候,水虿就攀登到水草枝上,不吃不喝也不动。这时,水虿的身体又短又胖,长度不到蜻蜓的三分之一,随着时间的推移,水虿的身体慢慢长大,最后变成蜻蜓,爬出水面并飞向天空。刚刚羽化出来的蜻蜓腹部像气吹似的,眼看着便伸长起来,叠在一起的翅像撑雨伞一样,一下子就全部伸展开来。

高难度的动作

蜻蜓翅膀的重量只有 0.005 克,每秒可振动 30~50 次。它的翅由发达的翅肌和气囊组成,翅肌能使翅快速地扇动,气囊里面有空气,可以调节体温,增加浮力。飞翔时,这两对翅相互交错地上下扑动,其中总有一对翅具有足够的提升力,不仅有利于起飞、降落,而且能侧飞、倒飞或平直地悬在半空,还可以垂直上升或下降。

翅膀上的减震装置

蜻蜓那看上去柔弱、单薄的翅，却能在这种每秒几十次的震颤之下安然无恙，真是让人纳闷！原来，在它翅的前缘上方有一块深色的角质加厚区，称为翅痣。如果没有它，蜻蜓的翅就会发生震颤，使它不能正常飞行。

在空中捕猎真勇敢

蜻蜓以蚊子、苍蝇和其他小昆虫为食，专门消灭害虫。蜻蜓的食量非常惊人，捕捉食物的方法也很独特。它在空中遇到猎物就立刻把六只脚向前方伸开。由于它的每只脚上都生有无数细小而锐利的尖刺，所以六只脚合拢起来的时候，就像一个口朝前开的小笼子，这样就可以一边飞翔，一边将空中的小虫子捕捉到"笼子"里面，然后再将其吃掉。

像鸟一样飞行的古蜻蜓

地球历史上最早出现的蜻蜓，飞行本领并不是很高，但它们却是个体最大的蜻蜓。昆虫在石炭纪晚期已经征服了天空，比脊椎动物要早5000万年，这石炭纪晚期的昆虫就是地球上最大的蜻蜓——古蜻蜓。古蜻蜓的模样与现代的蜻蜓相比，显得宽大而肥胖，它们除了在中、后胸的两侧各有一对翅膀外，前胸的两侧还有一对侧翼，腹部的腹节上还有一对比较显眼的附器，这些都是与现代蜻蜓不同的地方。

Dang'an 档案

又　　称：吹沫虫、吹泡虫、鹃唾虫等
分布区域：栖息地十分广泛，遍布全球各地
分　　类：节肢动物门—半翅目—同翅亚目—沫
　　　　　蝉科

沫蝉的成虫体长不超过 15 毫米，幼虫体长不到 6 毫米。沫蝉以植物的汁液为食，头部的刺吸式口器可以刺入植物的叶片或茎干中吸食汁液。沫蝉的种类有很多，全世界已知的约 2000 种。

会吹泡泡的跳高冠军
——沫蝉

最爱穿"泡泡衣"

沫蝉总是把自己隐藏在一堆泡沫里，就像身穿"泡泡衣"。起初人类还不认识沫蝉的时候，以为这一堆泡沫是杜鹃鸟的分泌物，因为两者几乎在同一个时期出现。所以还给它起了一个名字，叫鹃唾虫。但事实上，它跟杜鹃一点儿关系都没有。

沫蝉躲在这些泡泡里是为了免受烈日暴晒并躲避天敌捕杀，在千百万年的演化中练就了这种"隐身术"，以此安全地度过幼年时期。

沫蝉的"泡泡衣"有多种功能——调控湿度和温度，防止若虫的水分大量散失；驱避捕食者，将小型昆虫牢牢地粘住等。有些种类的沫蝉每分钟能产生 80 个小圆泡，一件"泡泡衣"可以维持一周之久。

泡泡不是吹出来的

最初，人们都以为沫蝉的这些泡沫是它用嘴吹出来的，但是后来科学家们发现，在沫蝉腹部下端的气门开口附近有一个特殊的腺体，能分泌一种胶质的液体，当这种液体和气门排出的气体混合在一起时，就会形成可以保护自己的"泡泡衣"了。

高超的弹跳能力

沫蝉最高的跳跃高度相当于自己身高的100多倍，这大约相当于一个人一跃而起，跳到200层左右的摩天大楼的高度！而且沫蝉跳跃的速度非常快，可以在一毫秒之内完成一次跳跃。这是因为它的后腿肌肉非常健壮，可以在瞬间释放出储存在肌肉里的能量，跳跃后会迅速积蓄力量再次跳跃。

Dang'an 档案

又　　称：拦路虎、引路虫
分布区域：亚热带或热带地区
分　　类：节肢动物门—昆虫纲—鞘翅目—肉
　　　　　食亚目—虎甲科

虎甲虫是陆地上跑得最快的昆虫。如果把它们放大到人类的体型那样大，那么它们的速度就相当于赛车速度的2倍多。虎甲虫大多数都生活在热带和亚热带地区，特别是阳光灿烂和多沙土的地方。

外表出众

虎甲虫体长2厘米左右，复眼突出，甲壳色彩鲜艳，很多是绿色基底上夹杂着金绿色或金色的条带，两侧均匀分布着斑斓的色斑。不过有些虎甲虫是暗灰色的，还有些像是草地的颜色。虎甲虫的脚很细长，上面还有许多白色的细毛。

昆虫界的小霸王——虎甲虫

锐利且有力的"虎牙"

虎甲虫不仅身体细长，就连它们的大颚也很长。那些大颚锐利又有力，很像是老虎的獠牙。虎甲虫用它们来撕咬猎物，所以这就成了它们的"虎牙"。长大的虎甲虫非常残暴，被虎甲虫盯上的小虫，大多逃不过被吃掉的命运。

会"拦路"的甲虫

虎甲虫喜欢"拦路"。当人走在路上时，虎甲虫会拦在路中央；当人向前迈步时，它们又会突然向后短距离飞翔，在人前方不远处继续"拦路"。

狡猾的幼虫

虎甲虫小时候一直都生活在泥土里，它们有一对倒钩，当捕获猎物时可以钩住洞穴周围防止被猎物拖出洞外，所以有"骆驼虫"的称号。这些小家伙捕捉猎物的方式很特殊：它们的身体和头像瓶塞一般塞住洞口，等到有猎物经过时，虎甲虫就从洞口跳出来，然后用大颚咬住猎物，开始饱餐一顿。

虎甲虫的眼睛很大，就像青蛙的眼睛那样突起。它们的视力非常好，不过当它们在极速奔跑时，由于眼睛结构的限制和大脑处理能力的不足，经常会出现短暂的失明，所以它们常常会在追捕猎物的过程中不时停下来重新寻找猎物的去向。

Dang'an 档案

分布区域：马来西亚热带雨林和印度尼西亚

分　　类：节肢动物门—昆虫纲—有翅亚纲—
　　　　　螳螂目—花螳科—花螳属

兰花螳螂是热带雨林里最奇特的昆虫之一，外貌酷似兰花，因而得名。兰花螳螂将尾部高高举起，一片葱绿中，它将身体折叠，成为唯一一朵娇艳的兰花，骄傲地"绽放"，静待猎物的光临。

美到窒息的杀手——兰花螳螂

高明的掠食者

兰花螳螂应该算是螳螂目中最漂亮抢眼的一种了。我们通常都认为，它们的步肢演化出类似花瓣的构造和颜色，可以在兰花中拟态而不会被猎物察觉，最适合螳螂守株待兔的掠食方式，也算是最高明的掠食者之一。不过，现代科学研究表明，它经常趴在绿色的灌丛上面，因为它觉得自己非常像化，不需要到花里面隐藏。

雌雄差异大

雌兰花螳螂与雄兰花螳螂无论是体形还是体色都是不一样的。雌兰花螳螂往往体形较大，体色更鲜艳，经常会被小型昆虫当成花朵。相比之下，雄兰花螳螂体形较小，更容易伪装、隐蔽起来，以躲避掠食者的攻击，更好地伏击猎物、寻找配偶。

你听说过兰花螳螂吗？兰花螳螂应该算是螳螂目中最漂亮、最耀眼的明星了，它们有最完美的伪装，而且能随着花色的深浅调整自己身体的颜色。

身体颜色会转变

兰花螳螂通常体长 3~6 厘米，在各个年龄阶段的体色和形态并不相同，如花似玉的年龄也是有限的。大多数兰花螳螂若虫是白色的，但它们会有一个从粉红色到紫色的转变过程。刚出生的兰花螳螂体色多为红色或黑色，第一次蜕皮后，兰花螳螂的体色会变成白色和粉红色相间的颜色。

并非一生美如花

在第一次蜕皮后，雄兰花螳螂的腹部会变为 8 节，而雌兰花螳螂则会变为 6 节。之后，兰花螳螂的若虫会不断蜕皮，蜕了三四次皮后的兰花螳螂最为漂亮。变为成虫后，若虫的粉红色会消失，进而出现棕色的色斑，体色也最终由白色变为浅黄色。

蜉蝣成虫的身体细长，有两、三条长长的尾毛，翅膀为三角形。它的口器退化，既不吃也不喝，消化器内像气球似的充满空气，使它们能轻易地升到空中。蜉蝣的成虫还常常被用来当作鱼饵呢！

D ang'an 档案

分布区域：除南极洲，北极高纬度地区和部分
　　　　　海洋岛屿外，全世界均有分布
分　　类：节肢动物门—昆虫纲—有翅亚纲—
　　　　　蜉蝣目—蜉蝣科

黄昏时，站在稍远的地方，你会发现在池塘上方，隐隐约约有一块丝巾漂浮着。走近一看，原来是成群结队的蜉蝣。这种体长仅为2~4毫米的小昆虫舞着轻纱似的薄翅，无声无息地在水面嬉戏。

朝生暮死的短命虫——蜉蝣

一边"婚飞"一边交配

蜉蝣是在空中一边"婚飞"，一边交配的。每到下午或傍晚，大多数的蜉蝣就开始"婚飞"了。雄蜉蝣用它那一对颀长、细细的前足抱住雌蜉蝣的前胸，显得十分亲热。这时，雌蜉蝣就会把腹部后面的尾丝向后伸直，而雄蜉蝣则立刻将自己的尾丝向前方伸展。这样的姿势持续不到半分钟，它们便双双下降，到达地面时双方立即分开。不久，雄蜉蝣便因体力耗尽慢慢死去。

卵粒多得惊人

交配之后，雌蜉蝣从腹部到头部都充满了卵粒，数量多达 2000~3000 粒。雌蜉蝣把卵产在水里之后，轻柔的身体缓缓下落，仿佛散在水面或地面的雪花一样，悄然无息地死去。

幼虫时期相当漫长

蜉蝣的卵一般经过一到两周的时间孵化成幼虫，幼虫的身体扁平，有很长的尾毛，用腹侧的鳃呼吸。幼虫时期可就长了，有 1~3 年的时间呢！幼虫在水里靠吃植物、藻类为生，也捕食一些水中的小动物，不断地在体内贮存营养。在这漫长的时光里，幼虫一般需要经过二十多次蜕皮，身体才能逐渐长大。

水中天然的过滤器

在蜉蝣幼虫的体内，有七对功能发达的过滤器官，水从第一对过滤器进入，逐次经过各对"过滤器"。蜉蝣不断地抽取水中的氧气，消化水中的有机杂质，这样从最后一对"过滤器"中滤出的水便是清净的水。

变为成虫后只有不到一天的生命

直到幼虫长出翅芽，变成亚成虫的时候，它们才顺着水草爬出水面，在水边的草丛或石块上蜕去暗淡的"旧衣"，换上洁白透明的"新装"，变成成虫，展翅飞到空中。

蜉蝣从变为成虫时起，到生命结束，一般存活不到一天，少的仅仅只有几个小时。

Dang'an 档案

分布区域：世界性分布，大洋洲一带较多
分　类：节肢动物门—六足亚门—昆虫纲—
　　　　有翅亚纲—鳞翅目—蝙蝠蛾科

蝙蝠蛾包括几种最大的蛾类，翅展超过
22.5厘米。欧洲和北美的种类多呈褐色或灰色，
翅上有银斑；非洲、新西兰和澳大利亚的种类
色鲜艳。分布在亚洲青藏高原的蝙蝠蛾。在这里，
它们遇到了虫草菌！

被真菌欺负的倒霉蛋——蝙蝠蛾

没有蝙蝠蛾幼虫，就没有著名的冬虫夏草

蝙蝠蛾的幼虫体色为深褐色，身体粗壮，呈圆筒形，它们会钻入茎内，或生活在地下吃草根。但如果被虫草菌盯上了，它们通过某些特殊的方式与虫草菌结合后，在适当的生态环境条件下就能长出一种名贵的中药——冬虫夏草。

当蝙蝠蛾的成熟幼虫在冬季前后被虫草菌感染后，幼虫全身都会充满菌丝，这时幼虫的身体就会变得僵硬，这就叫做"冬虫"；而到了夏季，在死去的幼虫头顶上会长出管状的菌座，露出地面，这就叫做"夏草"。

奇特的虫草菌

虫草菌不属于动物，也不属于植物，而是一种真菌。它们的生存方式非常奇特！真菌繁衍的方式，是向外释放出一些孢子。这些孢子飘落到哪里，哪里就会形成新的真菌。但是虫草菌的孢子，却专门寻找蝙蝠蛾幼虫。找不到会慢慢死去。而找到蝙蝠蛾幼虫的孢子，会立刻寄生在其身上，然后慢慢释放出菌丝，一点一点地将这只蝙蝠蛾幼虫蚕食！

目前，全世界已知的冬虫夏草有130余种，我国已知的就有50余种。在我国，冬虫夏草主要分布于青海、西藏、云南、四川、贵州、甘肃等地的高山原野中。

Dang'an 档案

又　　称：黄凤蝶、茴香凤蝶、胡萝卜凤蝶

分布区域：亚洲、欧洲以及北美洲

分　　类：节肢动物门—昆虫纲—鳞翅目—凤蝶
科—凤蝶属

金凤蝶是一种大型蝶，身体呈黄色，背脊为黑色的宽纵纹，前、后翅具黑色及黄色斑纹，前翅中室基部无纵纹；后翅近外缘为蓝色斑纹并在近后缘处有一红斑。双翅展开时宽 8~9 厘米，是昆虫界里有名的"能飞的花朵"。

能飞的花朵——金凤蝶

生活有讲究

漂亮的金凤蝶喜欢生活在草木繁茂、鲜花怒放、五彩缤纷的地方，而且还要求阳光充足。它们在空中自在快乐地上下飞舞盘旋，还会不时地采食花粉和花蜜。

化蛹前将自己紧紧缠绕

金凤蝶的一生需要经过卵、幼虫、蛹和成虫这 4 个阶段。成虫把卵产在植物的茎叶、果实或树皮缝隙等适宜孵化的地方。卵为球形，颜色淡黄，孵化前呈紫黑色。卵孵化以后，幼虫常常在夜间活动取食，受触动时从前胸伸出臭腺，释放出臭液及气味，起到防御的作用。成虫在寄主枝条上化蛹，化蛹前会吐丝将自己缠绕起来固定住，这就是大家常说的"作茧自缚"。

寄主有柴胡、当归、防风、茴香、白芷、杜仲、沙参等。

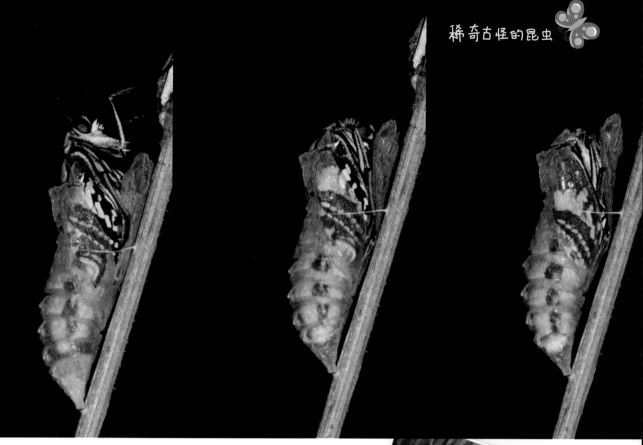

美丽的蝴蝶有很多天敌

大黑蚂蚁会把蝴蝶幼虫拖到巢中，慢慢吸吮这种幼虫分泌出来的甜汁。

青小蜂把卵产在凤蝶的幼虫上，当它的卵孵化成幼虫时，就在蛹里大吃大嚼，慢慢长大。

螳螂经常埋伏在叶子里，它会趁正在采蜜的蝴蝶不注意，把它捉去吃了。

蜻蜓比蝴蝶飞得快，有时小个儿的蝴蝶也会成为蜻蜓的猎物。

黑背长脚蜂捉住蝴蝶的幼虫以后，会先把它们揉成肉团，然后带回家给自己的幼虫享用。

大部分蝴蝶翅膀每分钟振动460～636次，但金凤蝶每分钟仅振动300次，平均每秒钟振动5次。它是世界上振翅最慢的蝴蝶。

D ang'an 档案

又　　称：知了、蝉猴、借落子
分布区域：温带至热带地区
分　　类：节肢动物门—昆虫纲—半翅目—蝉科

在夏秋季节，我们常常能在树上找到鸣叫着的蝉的成虫，而幼年时期的蝉，我们就不容易看到了，因为它们深深地藏在泥土里，必须经过脱壳、羽化才能重见天日。

叫声最大的昆虫——蝉

树枝上产卵

蝉的成虫大都生活在树上和草丛里，以植物的汁液为主要食物。一般来说，成虫最多活四个星期，在这段期间，雄蝉一直发出声音，引诱雌蝉前来交配。交配以后过了一会儿，雌蝉便停留在枯枝上产卵。雌蝉的尾部有又细又尖的产卵管，用放大镜便可以观察到它的顶端参差不齐，它就像钻头一样，刺破树皮，钻出小洞并在洞里产卵，产完卵后，雌蝉便会死去。

若虫在土壤里发育

几个星期以后，卵就孵化成若虫，然后掉落在地面，进入泥土中，靠吸食树根的汁液为生。蝉的若虫时期有长有短，短的只要一年，长的可达十七年。若虫要经过很多次的蜕皮，才能发育成长。

傍晚时分的羽化

蝉的若虫已经和成虫很像了，先是在洞里观察周围的情况，在确认没有危险了以后才爬出洞穴。它浑身是泥，用前肢的利爪抓住树干往上爬。发现自己满意的地方后，便停下来开始羽化。胸背外壳会裂开，头、胸、脚先伸出来，再慢慢张开翅膀。过一段时间，等翅膀变干、变硬以后，就可以飞起来了。

大嗓门的秘密

只有雄蝉才会鸣叫。雄蝉的鸣声十分响亮，它一定是一个大嗓门吧！不过，这你可猜错了，雄蝉并不是用嘴、喉咙叫的。它发声的秘密在于它的腹部。雄蝉的腹部有一对鸣器，包括共鸣室、发音筋和发音膜。

雄蝉求偶的时候，发音器就开始伸缩，每分钟发音膜的震动次数为 100 次左右，好像打鼓时，鼓膜的震动一样；而共鸣室就像一个扩音器，把这种声音扩大得更响、更亮，传得更远。

受攻击时会撒尿

如果你攻击了正在树上鸣叫的蝉，往往会有一股污水似的液体从上面洒下来，那是什么呀？原来是蝉的尿。蝉的食物主要是树的汁液。蝉把硬管一样的嘴插入树干，一天到晚地吮吸汁液，把大量营养和水分吸到体内，用来维持生命。当遇到攻击时，它便急促地把贮存在体内的废液排到体外，用来减轻体重以便起飞，还能起到自卫的作用。蝉的排泄与其他昆虫不一样，它的粪液都贮存在直肠囊里，遇到紧急情况，随时都能排出体外。

在蝉的身体里面，有一种汁液，可以利用它来阻挡洞穴里面的尘土。当蝉掘土的时候，先将汁液喷洒在泥土上，使它变成泥浆。蝉再把它肥重的身体压上去，使烂泥挤进干土的缝隙里。所以，当它在地面上出现的时候，身上常会有许多潮湿的泥点，看起来脏兮兮的。

第 *4* 章
身着铠甲的甲虫

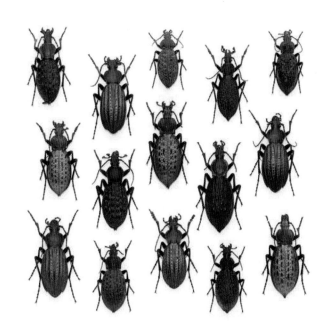

Dang'an 档案

又　　称：步行虫
分布区域：北半球的温带地区
分　　类：节肢动物门—昆虫纲—
　　　　　鞘翅目—步甲科

步甲虫是一种奇特的甲虫，因为它们大多无飞翔能力，而善于爬行，所以又名步行虫。它们在地球上的分布非常广泛，种类多样。世界已知的约有25000种，中国约800种以上。

用化学武器武装的"战士"
——步甲虫

适于爬行的身体结构

步甲虫一般中等大小，成虫体长1~60毫米，有着6条有力的大长腿，身体结构非常适于在地面爬行，行动非常敏捷。多种种类的步甲虫色泽幽暗，为黑色、褐色，常带金属光泽，少数色鲜艳，有黄色花斑。步甲虫的体表有的光洁，有的被有稀疏绒毛，不同种类有不同形状的微细刻纹。

会施放化学毒雾

步甲虫是名副其实的用化学武器武装的"战士"：一只步甲虫在行进时如果遭遇天敌，会突然放起"炮"来——一股化学毒素从步甲虫的尾部喷射出来，直冲天敌的咽喉。天敌会被这"化学炮弹"轰得昏头转向，再也无心顾及猎物。

步甲虫在觅食过程中如果发现身材比自己大得多的昆虫，它就会主动出击，快速跑到猎物面前并用尾部对准猎物，"轰"的一炮，猎物被轰得顿时失去了知觉，只好任步甲虫宰割和蚕食了。

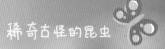

步甲虫善于奔跑，它们一旦受到惊吓，会"蹬蹬蹬"地跑出好长一段距离，直到安全后才会停下来，如果没有逃脱危险，它们还会装死。人们把这种行为称为假死现象。

047

"昆虫中的猎豹"硕步甲

硕步甲是步甲科的一种，它们有着 4 厘米左右的"个头"，穿着黑亮的"盔甲"，漂亮而威武。因为它们能快速出击，一举拿下蚯蚓、蜗牛、蛾等猎物，所以被称为"昆虫中的猎豹"。

"投弹高手"射炮步甲

之所以被称为"射炮步甲"，是因为当遇到危险时，它们会用尾部对准敌人，喷出有毒的"炮弹"，同时发出"嘭"的声响。原来，射炮步甲的腹部末端有一个小囊，里面存储着有毒的液体。这些毒液会与射炮步甲体内的化学物质产生激烈的反应，射出之后，会在高温下瞬间汽化，杀伤敌人。

"假死退敌"金星步甲

金星步甲在农田草原上十分常见。因为鞘翅上有着星星点点的金属光泽，因而得名"金星步甲"。它们的幼虫在成长期一旦受惊，会迅速"假死"落地，然后快速潜入草丛中逃走；同时它还能分泌一种臭味物质，以抵御侵犯者。

对于在地上活动的昆虫，如肥嫩的蛾类、蝇类幼虫，蚯蚓、蛞蝓、蜗牛等体表柔软的小动物来说，步甲虫是比螳螂更可怕的猎手。为了吃到蜗牛壳中的肉，一些步甲虫的头和胸部变得狭长，可以直接伸入蜗牛壳中。

爱吃便便的团粪专家——蜣螂

Dang'an 档案

又　　称：屎壳郎

分布区域：除南极洲以外的区域

分　　类：节肢动物门—昆虫纲—鞘翅目—金龟子科—
粪金龟亚科

　　蜣螂的种类非常多，全世界已知大约有 20000 种。它们的体型大小相差悬殊，最大的像一颗乒乓球，而小的只有纽扣般大小。它们最喜欢吃的就是动物粪便了，往往从早到晚一直不停地进食，而且边吃边拉，拉出来的黑色粪便形状就像一条条线，足有两三米长。

粪球越滚越大

蜣螂的头前面非常宽，上面还长着一排坚硬的角，排列成半圆形，挖掘和切割都相当方便。蜣螂就利用这把"钉耙"收集中意的粪便。它们先将潮湿的粪便堆积在一起，压在身体下面，推送到后腿之间，用细长而略弯的后腿压在身体下面来回地搓滚，再经过慢慢的旋转，就成了核桃那么大的圆球。

土太干怎么办

蜣螂会使劲推动圆圆的粪球，使它慢慢滚起来，并粘上一层又一层的土。有时候地面上的土太干粘不上去，它们还会自己在上面排一层粪便。

雌雄一起推粪球

蜣螂在推粪球时，往往是一雄一雌，一只在前，一只在后，前面的一只用后足抓紧粪球，用前足行走；后面的一只则用前足抓紧粪球，用后足行走。遇到障碍物推不动时，后面的就低下头去，用力向前顶。它们同心协力，粪球越滚越大，甚至比蜣螂自己的身体还要大。

把粪球推到地下贮藏

蜣螂之间还会争夺粪球，争来的粪球会当作食物的储藏室，为自己的儿女储藏食物。雌蜣螂与雄蜣螂会事先挖好地洞，然后把粪球推到里面放好。等到交配以后，雌蜣螂便在每个粪球上方的中心产下一枚卵，这个粪球就是即将出世的幼虫所需的全部食物，其能量足够幼虫化蛹并变成成虫。

幼虫在粪球里生活

经过大约十天，雌蜣螂产在粪球上的卵，就会孵化出白色透明的幼虫。幼虫一出来，就会吃围在自己四周的粪便，而且通常从比较厚的地方吃起，以免把自己掉出来。不久，它们就变得肥胖起来。大约需要三个月，蜣螂幼虫就会变为成虫，继续滚粪球。

如果准备一个装满粪便的玻璃瓶，把蜣螂的幼虫放进这个玻璃瓶中仔细观察，你会发现，幼虫从屁股里挤出大便，替自己盖了墙壁和天花板。用小木棍把粪便捅开一个洞，幼虫会再次把这个洞堵住！原来，蜣螂的幼虫是怕空气跑进粪球里。如果粪球里跑进了空气，大便就会变干变硬，幼虫咬不动，没有东西吃可就麻烦了。

威风神气的铁甲武士——锹形甲

Dang'an 档案

又　　称：锹甲、锹形虫
分布区域：分布于世界各地，以东南亚地区居多
分　　类：节肢动物门—昆虫纲—鞘翅目—锹甲科

如果把甲虫比作昆虫世界的铠甲武士，那锹形甲就堪称铠甲武士中冲锋陷阵的猛将。锹形甲生性勇猛好斗，无所畏惧，经常为了捍卫领地或者争夺配偶与敌人"浴血奋战"。

剪刀似的大钳子

锹形甲粗壮的身体呈黑色或褐色，最引人注目的是前面那两只剪刀一样的大钳子。锹形甲的钳子实际上是由上颚发展得过大而变成的。雄锹形甲的钳子大而有力，你千万要注意，如果不小心被它夹到，可能会流出血来呢！雌锹形甲的钳子很小，因为它们向来不打斗，只用它们挖洞，然后在洞里产卵。

经常斗得不可开交

锹形甲非常好斗，尤其是雄锹形甲，无论是为了争夺食物还是配偶，或在路上偶遇其他甲虫，只要看不顺眼，都想过过招。它们用各自的长角相互冲撞、钳制、拨挑、厮杀得难解难分。不过在打斗时，如果有一方明显处于劣势，就会急急撤走，所以打斗的时间都不长。

仰面朝天可不好玩

如果你用手指碰碰锹形甲的背部，它会生气地举起那对大钳子向你示威。如果你再用点儿力，它就会伸着长钳子来钳你，不过这样一来它很可能跌得仰面朝天。因为这些钳子很重，它需要很长的时间才能翻过身来。

一生最爱大树

锹形甲最爱大树，一生都会围着大树生活。雌性锹形甲将卵产在腐朽的木头里，经过一段时间的孵化，幼虫出生，它们依然在朽木中生活，啃食朽木屑。吃饱喝足，积攒了足够的能量后，幼虫会在朽木中化蛹。成虫钻出朽木后，会在附近的大树上生活，以树木及果实的汁液等为食。

昼伏夜出

白天，锹形甲大都躲在大树洞或树干的缝隙中，有时也躲在朽木和石头上休息。夜色降临之后，飞出来觅食，吸食树干上渗出的树汁。这种昼伏夜出的习性可以帮助它们有效地躲避一些天敌，如喜鹊、啄木鸟等鸟类，但是对于刺猬、獾等这些与它们同样有昼伏夜出习性的捕食者就没有什么用处了。

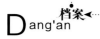

D ang'an **档案◀**

又　　称：锯树郎、水牯牛、春牛儿等
分布区域：分布全球，热带最多
分　　类：节肢动物门—昆虫纲—鞘翅目—叶甲科

天牛成虫的身体呈长圆筒形状，背部略扁。额前端长着两根长长的触角，有的天牛触角比它的身体还要长好几倍，可神气呢！不过，千万不要被它美丽的外表所迷惑，它可是个十足的大害虫。

长长的触角

天牛喜欢啃食树木。这么坏的一个家伙，怎么会长着那么漂亮的一对长触角呢？其实，那是天牛灵敏的感觉器官，它的眼睛看不清楚，行走时把触角当拐杖用，一旦碰到障碍就会避开。而且长触角还能帮助天牛找食物，甚至找配偶，可管用呢！

力大如牛的"锯树郎"——天牛

雌天牛和雄天牛

一般而言，雄天牛体型较小，触角长而美丽，行动灵活，有较强的飞行能力，而且能够持久地飞行。而雌天牛体型较大，触角短，行动起来显得很笨拙，反应也比较迟钝，更别提它的飞行能力了，比起雄天牛来可差远了！

把卵产在树干里

天牛从小生长在树干里，把好端端的树干吃空，风一吹，树摇摇欲坠！可是它们怎么会跑到树干里面呢？雌天牛和雄天牛羽化大约半个月后就开始交配，在它们短暂的一生中可交配多次，当然，交配行为一般都发生在晴天。

有的天牛妈妈把卵产在树干的细缝里，有的甚至把树干咬出伤口，直接把卵产在里面，让孵化出来的幼虫吸取树干里的营养，直到幼虫成熟后筑成蛹，再经过一段时间化成成虫才飞离树干。

和天牛一样拥有长触角的昆虫有蝉、蜻蜓、蜜蜂等，它们的视力也不好，通常在白天活动；像蝈蝈和蟋蟀的视力好，所以就用不着那么长的触角了，它们通常在夜间活动。

天牛家族中的大个儿和小个儿

天牛的家族十分庞大，已知的有 25000 多种。大多数天牛体长在 1.5~5 厘米之间，但也有大的，如大山锯天牛，体长可达 11 厘米，较小的如微小天牛，体长仅有 0.4~0.5 厘米。

有趣的名字

天牛的力气很大，像牛一样，同时善于在天空中飞，所以叫天牛。它可不止这一个名字——因其中胸背板上有特殊的发声器，与前胸背板摩擦时，会发出"咔嚓、咔嚓"锯木头的声音，所以还被称为"锯树郎"。此外，我国南方有些地区称之为"水牯牛"，北方有些地区称之为"春牛儿"。

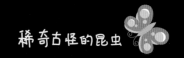

草丛里最亮的星——萤火虫

又　　称：亮火虫
分布区域：热带，亚热带和温带地区，分布于除
　　　　　南极洲和温带地区
分　　类：节肢动物门—昆虫纲—鞘翅目—萤科

　　萤火虫的体长只有约八毫米，腹部末端有发光器，可以发出黄色、橙色、绿色等不同颜色的萤光。一般来说，雄虫有两对发光器，雌虫有一对。雌萤火虫没有翅，不能飞翔，但体型比雄萤火虫大，发出的光也比较亮。萤火虫的卵、幼虫和蛹也都能发光呢。

卵

　　雌雄萤火虫交配后，都会同时将光减弱。不久，雌萤火虫便在潮湿的腐草、朽木或泥土上产卵，一次可产数百粒。刚产下的卵是乳白色的小粒，不久会逐渐变硬或呈黄褐色，一个月后，便孵化成灰色的幼虫。

幼虫

　　幼虫体色灰褐，两端尖细，上下扁平，生活在水中或潮湿的地方，身体的形状像个纺锤，喜欢吃水边的螺类和蜗牛。白天藏在水中的石块下或泥沙中，夜晚出来觅食。冬天，幼虫会躲进地下避寒，等到天气暖和后再钻出地面。萤火虫的幼虫期时间较长，一般为一年左右，有的可能超过两年呢！

蛹

幼虫会爬上岸并在地上挖洞，然后在洞里要脱 6 次皮，并化蛹。等到 30 天后，羽化为成虫。

成虫

萤火虫的成虫可以活 15 天左右，通常只喝露水。

科学家研究发现，萤火虫的发光器由发光层、透明层和反射层三部分组成。"发光层"拥有几千个发光细胞，它们都含有"荧光素"和"荧光酶"两种物质。在荧光酶的作用下，荧光素在细胞内水分的参与下，与氧化合便发出荧光。科学家经过实验，从萤火虫的发光器中分离出了纯荧光素和荧光酶，用化学方法人工合成了荧光素，再掺进某些化学物质，得到类似生物光的冷光，作为安全照明使用。

遇到危险的时候

萤火虫会改变"灯光"的颜色，以此来传递不同的信息。当萤火虫遇到危险的时候，它一面迅速飞逃，一面发出急促的橙红色的闪光，向其他同伴发出信号。于是，其他萤火虫就会迅速地将"灯光"熄灭，隐匿于池塘边的草丛中。直到危险过去，它们才会重新飞回空中，重新亮起一盏盏明灯。

津津有味地吃蜗牛

别看萤火虫幼虫的身体很小，对付蜗牛这种"庞然大物"却有一套自己的方法。当它发现蜗牛后，假装与之亲近，同时向蜗牛体内注射一种毒液。过不了一会儿，蜗牛就被麻醉。接着，再给蜗牛注射一种消化液，使蜗牛的肉溶解成鲜美的肉汁。它不会独自享用，而是呼唤同伴兴高采烈地围在蜗牛四周，一齐把针管般的嘴插进肉汁里，津津有味地吸起来。

长鼻子的甲虫——象鼻虫

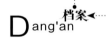
档案

又　　称：象甲
分布区域：中美洲
分　　类：节肢动物门—昆虫纲—鞘翅目—象鼻
　　　　　虫科

象鼻虫是昆虫世界中种类最多的一种昆虫，全世界约有6万余种。为了便于区分，昆虫学家们将象鼻虫细分为长角象鼻虫科、卷叶象鼻虫科、羊齿象鼻虫科、三锥象鼻虫科、橡根象鼻虫科、毛象鼻虫科等。

独特的长鼻子

象鼻虫，顾名思义，就是一类有着像大象一样长鼻子的昆虫。不过，它们的这一器官并不是用来呼吸和吸水的，而是它们的吻部。这个"长鼻子"在不同种类之间也有很大区别，有的粗短，有的细长，有的笔直，有的则向下弯曲，但作用都只有一个——"长鼻子"的尖端有口器，是用来进食的。

雌象鼻虫产卵时，还常常用吻部在植物表面钻孔，然后在孔内产卵。

象鼻虫的幼虫长得白白胖胖，连脚也没有，与成虫完全两样。成虫则全身硬甲，有时连背上两片鞘翅也愈合成坚硬的一块。

据说，昆虫学家在制作某些种类的象鼻虫的标本时，要借助电钻才能打开那层外壳。

遇到危险就装死

象鼻虫的吻部有力，外壳坚硬，可以说其既有强悍的战斗力，又有无坚不摧的盾牌，应该是昆虫中的小霸王。然而，象鼻虫其实是个胆小鬼，遇到危险就装死，如果你趁它不注意，轻轻地碰它一下，它会立刻将6条腿蜷缩到肚子下面，一动不动，任你怎么摇晃，它也不会"活"过来。

会冬眠的甲虫

很多甲虫都会在深秋产卵，产卵后死去，但象鼻虫却不害怕严寒，它们会采取冬眠的方式挨过寒冬。第二年春回大地，气温升高，它们又会苏醒过来，到处啃食植物的茎、叶。幸好，大多数的象鼻虫会在冬眠的时候被冻死，春天刚发芽的植物得以幸免于它们的啃食。

称职的殡葬师——埋葬虫

D ang'an 档案

又　　称：葬甲、锤甲虫
分布区域：全球性分布
分　　类：节肢动物门—昆虫纲—鞘翅目—埋葬
　　　　　虫科

埋葬虫在全世界都有分布，约有 175 多种。它们的外表大多数呈黑色，也有呈五颜六色的，如明亮的橙色、黄色、红色等，有的在鞘翅上还有花纹。它们会不停地挖掘动物尸体下面的土地，最后会自然而然地把尸体埋葬在地下，供自己和后代享用，在生态系统中起着很重要的作用，被誉为"自然界中的清道夫"。

对鸟兽尸体感兴趣

埋葬虫常于夜间在树丛间飞来飞去。它的嗅觉特别灵敏，会顺着动物死后发出的尸体臭味找到尸体。无论是蛇、蜥蜴、鸟或是各种昆虫，即使在几小时前才刚刚死去，它们也能从很远的地方嗅到尸体的气味。通常都是雄埋葬虫首先发现动物尸体，然后立即飞过去将其占为己有，再等候配偶到来。如果有其他雄埋葬虫飞来，一场激战就在所难免。胜利者获得这个战利品。

如果埋葬虫找到的动物尸体是在硬地或石头上，它们就齐心合力把尸体搬到松软的土地上。通常情况下，埋葬虫一般能搬运100克左右的鸟类或哺乳类尸骸。但遇到体重非常重的死蛇，它们就会用各种各样比如锯断或者弄破的方法把它分成几段来处理，然后分工合作迅速埋葬。

善于松土挖洞

埋葬虫对于松土挖洞特别在行，只见它们扁平而柔软的身体，在动物的死尸下面爬来爬去，每次都用头部从死尸下面掘出一块土来，不久这具尸体就越陷越深，被埋葬虫连拖带拽地埋进了坑里。埋葬动物的土坑，一般为6～10厘米深，大型埋葬虫挖洞的深度则可达到1.5米左右。

埋葬虫通常要花费3～10个小时挖掘一个墓穴，将动物尸体埋好。然后还要从尸体的四面把土运走，留出自己活动的空间，再从主墓穴挖掘出一条侧道和一些小室。

为宝宝预留食物

埋葬动物尸体是埋葬虫进行后代繁殖的一种方式。雌埋葬虫在埋下的动物尸体附近产卵，不久，幼虫孵化出来，就可以吃着它们的父母给它们准备好的食物，无忧无虑地长大了。

"贪生怕死"的甲虫——叩头虫

Dang'an 档案

又　　称：磕头虫、叩头甲、跳板虫等
分布区域：亚洲大部分地区
分　　类：节肢动物门—昆虫纲—鞘翅目—
　　　　　叩甲总科

叩头虫的种类很多，全世界已经发现的就有 8000 余种，在中国已知约 200 种。这种昆虫身体细长、略扁，表面密布短毛，呈栗色，生有一对圆圆的复眼。叩头虫一旦被摁在地上，就会用头部和胸部一上一下地叩击地面，发出"哒哒"的声音，好像在叩头，因而得名。

为何不断叩头

即使将叩头虫仰面朝天地摁住，它们也会做出不断叩头的动作，像胆小的人磕头求饶似的。因此，叩头虫被视为"贪生怕死"的甲虫。其实，这种动作是为了能瞬间弹跳起来，是它逃跑的一种方式，是躲避危险和越过障碍的本能反应。叩头虫还会以这种方式进行信息传递，吸引异性。

跳跃力惊人的秘密

叩头虫能跳起40多厘米的高度，创出跳过自身高度50多倍的惊人记录。比较奇怪的是，它们仅仅只有3对足，并且又短又小，怎么能跳到如此高度呢？

秘密在于叩头虫的前胸背板与鞘翅基部的一条横缝，而且是下凹，前胸腹板有一个向后伸的楔形突，正好插入中间胸腹板的凹沟内，这样就形成了一个类似合页的构造。当叩头虫腹朝天、背朝地躺在地面上时，它便将自己的头和前胸用力向后仰，挺胸弯背，后胸和腹部向下弯曲，这样就使身体中间离开平面而成弓形，并且在身下形成一个三角形的空隙，然后猛然收缩体内的背纵肌，使前胸突然伸直，向中胸收拢，这时候它的胸部背面就会猛烈撞击地面。这样一来，反作用力产生，会使它猛然地弹到空中。

叩头虫的体长不到1厘米。雌叩头虫的体形像1粒葵花子，身体壮而阔，密布金黄色细毛；雄叩头虫的体型瘦而窄，体色多为乌黑色、褐色或黑色，体表被细毛或鳞片，少数种类为鲜红色或金属色，光亮而无毛。触角呈丝状、栉状或锯齿状，长在额的前缘接近复眼，其形状和节数因雌雄而不同。

优美的姿势

叩头虫的"跳高"姿势还很优美，当它腹部朝天弹向空中时，还能趁机做个"前空翻"，将身体翻转过来，等到落地时，再用六条腿配合，平衡身体，稳稳地站立在地面。

Dang'an 档案

又　　称：水鳖、水龟子、水鳖虫、黑壳虫、小·龟子
分布区域：全球性分布
分　　类：节肢动物门—昆虫纲—鞘翅目—龙虱科

龙虱，全世界已知约有 4000 种，我国约 200 种。它生活于水草丰盛的河沟、沼泽和山涧等处。虽然并不像鱼一样用腮进行呼吸，但却能用独特的憋气技巧，长时间潜入很深的水底，是一位潜水高手。

水中杀手——龙虱

龙虱的模样

龙虱一般体长为 3~4 厘米，最大的可达 5.5 厘米。身体扁平光滑，呈长卵流线型，体色为黑色，鞘侧缘呈黄色，有光泽，某些种类还具有点刻和条纹；触角细长，复眼位于头部后方，口器有力而坚硬。它们前足的前 3 节扁平，顶端靠里长有吸盘，用于交配时吸附在雌龙虱的背上。它们的后足发达，侧扁呈桨状，上面长有许多充满弹性的刚毛，用于游泳、划水。

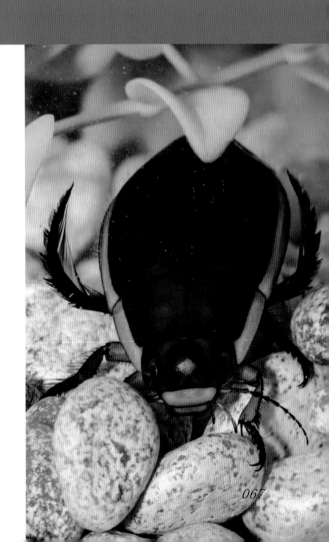

潜水高手

长时间在水中生活，龙虱是靠什么做到的呢？原来，在龙虱鞘翅下面有一个贮气囊，这个贮气囊有着"物理鳃"的功能，并在它上下游动时起定位作用。龙虱停在水面时，前翅轻轻抖动，把体内带有二氧化碳的废气排出，然后利用气囊的收缩压力，吸收新鲜空气。龙虱依靠贮存的新鲜空气，潜入水中生活。当气囊中氧气用完时，再游出水面，重新排出废气，吸进新鲜空气。

因为贮气囊的存在，龙虱可以在很厚的冰下进行长期"冬眠"，而不会因为缺氧窒息而死。冬天结束后，冰层开始融化，它们便结束冰下越冬潜伏生活，又在水中畅游了。当它们在水中自由自在地游动时，尾巴上经常会挂着一个大气泡，以便在换气时排出过多的空气，像鱼吐泡泡一样。

贪吃的龙虱

龙虱不仅猎食蝌蚪、小虫、小虾等，甚至还会攻击比它们大好几倍的小鱼、青蛙。最可怕的是，当一只龙虱将小鱼或青蛙咬伤之后，其他的龙虱一闻到血腥味就会蜂拥而至，很快便将猎物抢食一空。

凶残的捕食过程

当龙虱游水时，流线型躯体使它像一艘快艇一样迅速；两对中后足上长着排列整齐的又长又扁的毛，活像一只四桨的小游船。它们动作灵活，非常善于捕捉鱼类。当它用大颚扎住鱼类后，接着就会从食道里吐出一种特殊的液体，注入鱼体内，使其中毒麻痹。然后再吐出一种具有强烈消化能力的液体，把鱼类液化成肉汁后吸入食道。

龙虱的祖先是一种陆地上的甲虫，至今它们还保留着祖先的一些特征——能在陆地上呼吸。虽然它们通常生活在水中，但它们有时也会离开水体，用翅在空中飞翔。因此，它们既能在水中遨游，又能在空中飞行。

又　　称：花大姐、红娘、胖小儿
分布区域：全球性分布
分　　类：节肢动物门—昆虫纲—鞘翅目—瓢虫科

全世界有 5000 余种瓢虫，常见于农田、森林、园林、果园等处。有的瓢虫体表光滑，有的瓢虫体表多毛，但无论哪一种瓢虫，都身着彩衣，鞘翅有明亮的光泽，呈黄色、红色、橙黄色或红褐色等，并分布有红色、黄色或黑色的斑点。瓢虫头部小小的，有一半缩在壳里，6 条腿又细又短。

对人类有益的瓢虫，幼虫身上毛多且柔软；成虫的鞘翅表面生得非常光滑细腻，亮晶晶、闪闪发光。

有害瓢虫却是另一副模样，幼虫身上长有坚硬的刺凸；成虫的鞘翅上生有密密麻麻的细绒毛。

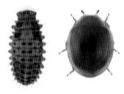

身着彩衣的花园精灵——瓢虫

背上的斑点数不同

瓢虫背上的斑点数不同，种类也不同。大部分瓢虫都是益虫，如二星瓢虫、六星瓢虫、七星瓢虫、十二星瓢虫、十三星瓢虫和赤星瓢虫等，它们无论是幼虫还是成虫，都善于消灭蚜虫。一只瓢虫每天能捕食 100 多只蚜虫。十一星瓢虫和二十八星瓢虫就是害虫，专吃植物的叶子。

界限分明

瓢虫的益虫群体和害虫群体之间虽然形态相像，但是背上的斑点数不同，它们之间的界限十分明确，互不干扰，各自保持着自己的生活习惯。有时，它们也会混杂"居住"，但绝不会"通婚"。因而不论传下多少代，不会产生"混血儿"，也不会改变各自的传统习性。

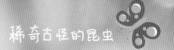

叶片上产卵

瓢虫把卵产在叶片的背面，一个挨一个地整齐排列，呈块状。每粒卵长约 1.26 毫米，宽约 0.6 毫米，表面晶莹光洁，两端尖尖的。一周后，幼虫就孵化出来了，它们那长长的须不停地舞动着，每天都在花草之间疯狂地捕食蚜虫。

瓢虫"换装"

瓢虫的幼虫胃口会随着成长而越来越大，圆圆的身体，鞘翅光滑，通常黑色的鞘翅上有斑纹，身体也在不断增长，它们必须挣脱旧皮肤的束缚，开始蜕皮。瓢虫一生之中要经历五六次蜕皮，每次蜕皮后，身体都会继续增长，直到积蓄足够的能量步入虫蛹阶段。当瓢虫准备化蛹时，它会先找一个安全的地方，把自己悬挂着附在叶面下，然后开始那惊心动魄的转变。

变身成功

当它最后破蛹而出变为一只真正的成年瓢虫时，它的身体仍旧柔软娇嫩，尚未完全发育成熟，必须暴露在阳光下，吸取养分，使自己的体色慢慢加深，斑纹逐渐显露出来，几个小时后，才会变得和花园中的其他成年瓢虫一模一样了。

短暂的一生

瓢虫的生命一般非常短暂，只有大约一个月的时间。但在夏季末期出生的最后一代瓢虫却拥有较长的寿命，当长到成年的时候，它们会寻找一个隐蔽安全的地方，依靠集体的力量抵抗严寒。

神秘的武器

瓢虫有较强的自卫能力，虽然身体只有黄豆那么大，但许多强敌都对它无可奈何。捉一只瓢虫，用手指轻轻捏一下，马上就会出现一滴黄水。原来，在瓢虫的三对细脚的关节上有一种神秘的"化学武器"。当它们遇到天敌侵袭时，就会分泌出一种黄黄的、臭臭的液体，让天敌不敢靠近，进而趁机逃命。

伪装本领强

瓢虫感知到危险的时候，会立即从树上掉落到地面，把自己那三对细足收缩起来，像"失去知觉"似的一动不动，借此躲避危险。如果你突然摇动植物的枝条，地面往往会有装死的瓢虫。

第 5 章
翩翩起舞的蝶蛾

D ang'an 档案

又　　称：宽纹黑脉绡蝶
分布区域：中南美洲的雨林中
分　　类：节肢动物门—昆虫纲—鳞翅目—蛱蝶科

在中南美洲，生活着一种奇特的蝴蝶——玻璃翼蝶，顾名思义，它的翅膀如同玻璃般。但是，这不是说这种蝴蝶已经进化出了透明的翅膀，而是说它们的翅膀近乎透明。真是太不可思议了！

拥有一双"隐形"的翅膀
—— 玻璃翼蝶

"隐形"的翅膀

玻璃翼蝶的体形不大，翅展一般为5.6~6.1厘米，最大的特点是翅膀如同玻璃般透明。翅脉间的薄膜组织上没有任何色彩，也没有蝴蝶和飞蛾翅膀上常见的鳞片。而它的透翅边缘却并不透明，为深棕色，有时为红色或橙色。据说，玻璃翼蝶近乎透明的翅膀能让它们在飞行时不那么显眼。假如用水清洗一只普通蝴蝶，最终所得到的蝴蝶的模样就会跟玻璃翼蝶相差无几。

便于隐入周围景色

玻璃翼蝶为什么会选择透明的翅膀呢？答案跟它们的栖息地相关。这类蝴蝶多生于幽暗的雨林。一片昏暗之中，唯有透明的翅膀能帮助它们隐入周围的景色。它们的天敌追捕它们时，无论再怎么聚精会神，也必定会在不经意间跟丢它们飞舞的身影。

意义非凡的交尾

对于玻璃翼蝶来说，交尾除了繁衍后代外，还有另一项重要的意义。雄蝶会聚集在枯萎衰败的有毒的生物碱，并将其留存在体内。雌蝶则被雄蝶散发的含有毒素的信息素吸引而来，并据此选择毒性更强的雄性进行交尾，从而获取毒性。

蝴蝶们用来盛装打扮的各色鳞片作用可大了！可以帮助它们辨别雌雄，吸引异性，还可以作为保护色，并使它们的翅膀避免被雨露沾湿，同时还能散发信息素。

Dang'an 档案

又　　称：枯叶蝶
分布区域：亚洲东部及南部
分　　类：节肢动物门—昆虫纲—鳞翅目—蛱蝶
　　　　　科—枯叶蛱蝶属

在昆虫界中，有一种蝴蝶外形十分奇特，它们的翅膀几乎与枯叶完全一样，它们停在树枝上休息时，就像一片枯叶，因此人们把这种蝴蝶称为枯叶蛱蝶。枯叶蛱蝶正是凭借这种外形来迷惑捕食者。

最容易"消失"的蝴蝶
——枯叶蛱蝶

是蝶还是叶

枯叶蛱蝶多栖息于悬崖峭壁以及河边的茂密树林中。它们停息时，翅膀紧收竖起，将身体深深地隐藏在其中，展示出翅膀背面。翅膀背面全呈古铜色，一条纵贯前后翅中部的黑色条纹和细纹，很像树叶的叶脉；后翅的末端拖着一条"尾巴"，和叶柄十分相似；翅上装饰性的几个小白点，就像叶上的点点病斑。枯叶蛱蝶静止在树枝上，很难分辨出是蝶还是叶。

甚至会飘落

也许有人会问，如果不停地摇动树枝，枯叶蛱蝶飞起来，不就会暴露自己了吗？其实，它们在伪装状态下是不会飞走的，甚至还会装作枯叶般飘然落地，一动不动地隐藏在落叶之中，其形态、体色与环境融为一体。由此可见，枯叶蛱蝶的伪装技巧已经到了炉火纯青的地步。

数量逐渐减少

枯叶蛱蝶是蝴蝶王国中的拟态典型。其数量极少，多分布于海拔在 900 米以上的地区。主要天敌有赤眼蜂、蜘蛛、蚂蚁和鸟类。近年来，由于生存条件恶化，以及天敌众多、容易受到细菌感染等原因，枯叶蛱蝶的数量正逐渐减少。

枯叶蝶的拟态现象有着重要的科研和实用价值。二战期间，德国侵入苏联境内，苏军便通过模仿蝴蝶伪装对一些军事目标进行了保护。这一整套蝴蝶式防空迷彩伪装由著名的蝴蝶专家施万维奇主持设计，集防御、变形、伪装为一体，有效地防御了德军的进攻。

Dang'an 档案

又　　称：蜂鸟天蛾、蜂鸟蝶蛾
分布区域：分布于亚洲，南欧和北非等地区
分　　类：节肢动物门—昆虫纲—鳞翅目—天蛾
　　　　　科—长喙天蛾属

　　我国独有的麋鹿因头脸像马、角像鹿、颈像骆驼、尾像驴，而被称为"四不像"。可你知道吗？在昆虫世界里，也有这样一种"四不像"的可爱物种，它就是蜂鸟鹰蛾。除了比蜂鸟多了一对触须，翅膀上没有羽毛以外，蜂鸟鹰蛾无论是外形、体重，还是飞行速度、生活习性都与蜂鸟极其相似。

昆虫界的四不像——蜂鸟鹰蛾

像蝶像蜂又像鸟

　　它首先像蝶，和蝶一样白天活动，长长的喙管是口器，还有一对尖端膨大的触角和色彩炫目的翅膀。和蝶不同的是，它腹部粗壮，有结茧习性，成虫越冬。

　　它又像膜翅目的蜜蜂，在夏秋季节飞舞，在百花丛中采食花蜜，并发出嗡嗡声。和蜜蜂不同的是，它采花不携粉，采蜜不酿蜜，能原地悬空取食。

　　它还像南美洲的蜂鸟，夜伏昼出，在取食时和蜂鸟一样，时而在花前疾驰，时而在花间盘旋。

螺旋楼梯似的长喙

蜂鸟鹰蛾的长喙像是螺旋楼梯，由两个柔软的杆状体组成，顶端的"肌肉泵"用于吸食花蜜。有了这根长长的"吸管"，蜂鸟鹰蛾就可以很优雅地吸食花蜜了。它们会先让"舌头"弯曲，而后小心翼翼地深入所需要到达的深度。有时候，蜂鸟鹰蛾伸出的"舌头"可以达到体长的很多倍。

蜂鸟因拍打翅膀时发出的嗡嗡声酷似蜜蜂而得名。它的身体总是保持垂直，所以它的翅膀是以前后振动代替上下振动。蜂鸟的翅膀能够最大限度地旋转，使它能够向后飞行，垂直起落，甚至可以在空中静止4~5分钟。

Dang'an 档案

又　　称：大桦斑蝶、黑脉桦斑蝶、帝王蝶
分布区域：生活在全世界的许多地方，主要分布
　　　　　于美洲，此外还有印度和澳大利亚的
　　　　　周边地区
分　　类：节肢动物门—昆虫纲—鳞翅目—蛱蝶
　　　　　科—斑蝶属

黑脉金斑蝶是北美洲常见的蝴蝶之一，也是地球上唯一一种像鸟类一样按照规律的周期每年南下北上的蝴蝶。但黑脉金斑蝶一次完整的迁徙要历经三代到四代，它们在旅途中繁衍、死去，最终只能指望子孙后代完成使命。

世界上唯一的迁徙性蝴蝶
——黑脉金斑蝶

开始迁徙之旅

每年 2~3 月间，位于墨西哥米却肯州和美国加州中南部海岸的黑脉金斑蝶越冬种群开始交配产卵。4 天后，黑脉金斑蝶的幼虫孵化。两周后，幼虫开始化蛹。再过两周，黑脉金斑蝶的成虫从蛹里钻出来，在阳光下把翅膀晾干，抖擞精神，这就开始往北飞了。

漫长的路途

黑脉金斑蝶要从温暖的南方飞到美国北部和加拿大。由于路途太过漫长，以至于大部分黑脉金斑蝶2~8周的寿命不足以完成整个旅程。于是，在迁徙的路上，它们诞下后代，让儿女们继续北上。到达北方目的地的黑脉金斑蝶往往已经是从南方越冬地飞出蝴蝶的第三代或第四代。夏末孵出的最后一代进入非繁殖阶段，叫做滞育，它们可以活7个月或更久。每年8月直到霜冻之前蝴蝶陆续向南方迁徙，处于滞育阶段的蝴蝶浩浩荡荡地南下，分毫不差地回到祖辈们曾经驻扎的越冬地。

对马利筋情有独钟

黑脉金斑蝶对马利筋可谓情有独钟，因为雌蝶要在这种植物幼嫩的植株上产卵。它们落在叶面上，用多节的前腿确认是马利筋后，才将针头般大小的卵一个个地产在叶子下面，产完卵后不久便结束了它的一生。

在经历了几代的隔阂之后，这个物种是如何回到同一个越冬地仍然是个未解之谜，其飞行的模式似乎是遗传的。研究显示，黑脉金斑蝶每根触角中都有一套完整的磁场感应系统，一种叫蓝光接受体的感光蛋白能起到化学罗盘的作用，同时它们也会依靠触角中的昼夜节律钟，根据太阳在天空中的位置与时间补偿的日光罗盘判断方向。

翅膀上有"眼睛"的蛾
——美洲月形天蚕蛾

美洲月形天蚕蛾的成虫没有嘴，最多存活7天左右。

Dang'an 档案

分布区域：加拿大南部、墨西哥、美国

分　类：节肢动物门—昆虫纲—鳞翅目—大蚕蛾科

月形天蚕蛾身体肥大，多毛，翅膀呈灰白色，并有弯弯的长"尾巴"。美洲月形天蚕蛾的身体呈现绿色，每个翅膀上还有一个明亮的"眼睛"，这对它们逃避天敌十分有帮助。

羽毛状触角

月形天蚕蛾雄蛾同许多飞蛾一样，生有羽毛状的大触角，可用来探知远在3千米外的雌蛾散发出的气味，因此触角在雄蛾寻偶过程中起着重要作用。

繁殖次数有所不同

月形天蚕蛾在山胡桃和核桃等多种树上产卵，通常一年繁殖两代。但在加拿大等夏季比较短的地方，月形天蚕蛾只在5月到7月之间繁殖一次，而在墨西哥等气候温暖的地方，一年则可繁殖三代，因此在这些地区它们的数量相对较多。

Dang'an 档案

分布区域：我国的福建、江西、广西、海南等地
分　　类：节肢动物门—昆虫纲—鳞翅目—凤蝶
　　　　　科—嚎凤蝶属

　　金斑嚎凤蝶是世界上最名贵的蝴蝶之一，有"梦幻中的蝴蝶"的美誉。这种蝴蝶珍贵而稀少，被国际濒危动物保护委员会定为 R 级（最稀有的一级），在我国动物名录中被列为一级保护动物，是我国的特有珍品。它野外生存数量远远少于大熊猫，是唯一被列为国家一级保护动物的蝴蝶。

梦幻蝴蝶——金斑嚎凤蝶

华丽高贵的外表

　　金斑嚎凤蝶因其雄蝶后翅有金黄色斑块而得名。翅展达 110 毫米以上。雄蝶体、翅呈翠绿色，底色黑褐色。前翅上的鳞粉闪烁着绿光，有一条弧形金绿色的斑带；后翅中央有一块金黄色的斑块，后缘有月牙形的金黄斑，后翅的尾状突出细长，末端一小截颜色金黄。雌蝶翅无金绿色，后翅五边形大斑色白，尾突细长。

第一个发现金斑嚎凤蝶的地方

　　金斑嚎凤蝶是亚热带、热带高山物种，栖息于海拔 1000 米左右的常绿阔叶林山地，很少下到地面进行饮水等活动，因此不易被发现和捕获，这给科研工作带来了极大困难。20世纪 80 年代，中国科学家在武夷山国家级自然保护区成功捕捉到了金斑嚎凤蝶，这成为中国第一个发现金斑嚎凤蝶的地方，填补了中国无金斑嚎凤蝶的空白。

蓝闪蝶是蛱蝶科闪蝶属中最大的一个物种，它们是拥有梦幻蝶翼的色彩大师，蓝色的翅膀十分绚丽，长约 15 厘米。成年雌蝶的翅膀上表面呈蓝色，下表面的颜色和纹理与枯叶十分相似，呈现斑驳的棕色、灰色、黑色或红色。蓝闪蝶也是巴西的国蝶。

闪动光彩的伪装者——蓝闪蝶

在热带雨林里出没

蓝闪蝶常在热带雨林出没，如亚马逊原始森林，也适应如南美干燥的落叶林和次生林林地。它们扇动着硕大的翅膀，能够快速地在天空飞翔。雄蝶有领域性，翅膀反射出的金属光泽是向其他雄蝶表示其领域范围。蓝闪蝶的生活环境需要有 70%～88% 的湿度水平，平均温度为 40℃。它们栖息在森林里的树冠层，但常常冒险进入森林的地面，这样做是为了找到喜欢喝的果汁和烂水果。

飞行的"蓝色幻影"

人们用手捉蝴蝶时，手上会粘一些"粉末"，这些"粉末"其实就是各种形状的鳞片。闪蝶的鳞片在结构上则更为复杂，其细微结构是由多层立体的栅栏构成，类似于百叶窗，只是其结构远比百叶窗复杂。当光线照射到翅上时，会产生折射、反射和绕射等物理现象。于是，闪蝶翅上的复杂结构在光学作用下产生了彩虹般的绚丽色彩。当一群闪蝶在雨林中飞舞时，便闪耀出蓝色、绿色、紫色的金属光泽，"蓝色幻影"便产生了。

自卫绝招

蓝闪蝶会利用自己的色彩优势来保护自己。当有捕食者接近时，它们就会快速振动自己的翅膀，产生闪光现象来恐吓对方。并非所有的闪蝶都具有金属般的蓝色光泽，而有的只限于雄蝶。

蓝闪蝶翅膀底部的颜色和树叶相同，为了伪装，它们在休息的时候会折翅，唯一显示的底面和树叶环境一致。

闪蝶科比较著名的品种，除了蓝闪蝶，还有海伦娜闪蝶、太阳闪蝶、月亮闪蝶等。

海伦娜闪蝶又叫光明女神闪蝶，翅膀大而华丽，展开最长可达10厘米。雄蝶比雌蝶漂亮得多，翅膀上闪烁着金属般的蓝色、绿白色或橙褐色光泽。

太阳闪蝶又叫太阳女神，体型很大，最大翅展可达20厘米，整个翅面的色彩和花纹犹如日出东方、朝霞满天，极为绚丽。

月亮闪蝶又叫月亮女神，和太阳闪蝶相反，它们的整个翅面颜色清幽，仿佛月亮的清辉洒满大地。

第6章
团结协作的蜂蚁

美丽杀手——姬蜂

Dang'an 档案

分布区域：广泛分布于全世界

分　　类：节肢动物门—昆虫纲—膜翅目—姬蜂科—姬蜂属

姬蜂是属于膜翅目、姬蜂科的昆虫，全世界已知大约有 1.5 万种，我国已知大约有 1250 种。它们都是靠寄生在其他昆虫的身体上生活的，而且是这些寄主的致命死敌。它们的寄生本领十分高强，即使在厚厚的树皮底下躲藏的昆虫也难逃其手。

小巧玲珑、温柔美丽

姬蜂的身体大多呈黄褐色，体形较为瘦削，腰细如柳，头前有一对细长的触角，尾后拖着 3 条宛如彩带的长丝，再加上两对透明的翅，前翅上还有两个像眼睛一样的小黑点，飞起来摇摇曳曳，因此得名"姬蜂"。不过，尾后的长带只有雌姬蜂才有，那是一条产卵器和产卵器的鞘形成的 3 条长丝，在有些种类中这些长丝甚至超过自己的身长，这在昆虫中是极为少见的。

姬蜂的幼虫时期都是在其他昆虫的幼虫或蜘蛛等的体内生活的，以吸取这些寄主体内的营养来满足自己生长发育的需要，最后寄主因身体被掏空而一命呜呼。所幸的是，姬蜂中的大多数种类都是寄生在农、林害虫的身体里，因此可以利用姬蜂来消灭这些害虫。

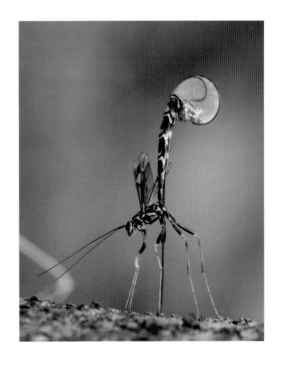

寄生本领强

姬蜂为了能让自己的下一代在寄主体内寄生，施展了各种各样的本领。让我们一起来看看吧！

柄卵姬蜂所产的卵上都有各种不同式样的柄，这种柄起着固定卵的作用。如果有1粒卵产在蛾或蝴蝶的幼虫身体上，这粒卵就能靠柄深深地插入幼虫体内，甚至在幼虫蜕皮时也不会掉下来，等到姬蜂的幼虫孵化出来时，便以这个蛾子或蝴蝶的幼虫为食。这种特殊的构造，使姬蜂寄生的效率大为提高。

沟姬蜂不但善飞，而且还会在水中潜泳。当它们在水中找到了可以寄生的水生昆虫的幼虫，便将卵产在它们身上。为了后代能在水中呼吸，沟姬蜂还拖出一条里面有空气且能在水中漂动的细丝，从而给后代准备了一根"氧气管"。

趋背姬蜂的幼虫必须寄生在大树蜂幼虫的身体上才能生长发育。趋背姬蜂的嗅觉不错，可以根据大树蜂排到松树外面的粪便的气味和一种生长在大树蜂身上的菌类的味道，顺藤摸瓜地寻找到它肥胖的幼虫。不过，要把卵产在大树蜂幼虫的身体上，趋背姬蜂还要费一番功夫，因为这需要它把自己那条4～5厘米长的产卵器穿过木材后才能伸到寄主的身体上。

档案

Dang'an

又　　称：非洲杀人蜂
分布区域：巴西
分　　类：节肢动物门—昆虫纲—膜翅目—蜜蜂
　　　　　科—蜜蜂属

杀人蜂，又叫非洲杀人蜂，是膜翅目、蜜蜂科的不同种类杂交产生。它们是欧洲蜜蜂和非洲蜜蜂这两个亚种的混合体。杀人蜂看起来和欧洲蜜蜂几乎一模一样，唯一的区别只有个头儿比普通蜜蜂小 10%，这种细微的差别根本难以察觉。即使是科学家，也需要通过分析 DNA 来分析它们，但它们的行为特点肯定不一样，个头小却更致命。

昆虫界的猛兽——杀人蜂

一次意外的诞生

杀人蜂是由于人类自己的偶然疏忽才产生出来的。1956 年，巴西的昆虫学家为了使当地的蜜蜂产蜜量增加，特意从非洲引进了一种野性十足、产蜜量高的野蜂，与当地的蜜蜂杂交，没想到竟繁育出了这种攻击性极强的蜂。

后来，由于管理人员的疏忽，一些杂交蜂从实验室逃出，迅速在野外繁殖起来，成了令人恐惧的"杀人蜂"。这些杂交蜂适应自然的能力极强，繁殖的速度很快，弄得人畜不得安宁。

科学家们认为，杀人蜂生活在非洲，那里的天敌很多，如果不主动发起进攻，就会被其他动物消灭。在艰难的生涯中，经过自然选择，那些富有进攻性的群蜂得以保存下来，繁殖后代。它们成群结队，来势凶猛，就连狮子、老虎也无法对付它们。

昆虫界的猛兽

杀人蜂相当于昆虫界的老虎、豹子，是一种食肉动物，是靠捕食害虫和其他一些蜜蜂为生的。之前杀人蜂没有大量繁殖的条件，伤人的事例较少，而近年来由于生态环境的改善，杀人蜂的数量不断增加，但是杀人蜂天敌之一的鸟类的数量却还没有跟上，因此便出现了杀人蜂大量伤人的事件。

"杀人蜂"的驯服

蜜蜂研究专家经过多年研究后发现，杀人蜂本身也是对自然环境和生态建设有益的昆虫，由于它们往往以森林中的各种害虫为捕食对象，因此对防治森林病虫害有很大作用。蜂王是蜂群行动的指挥者，一旦发现活动中的生物，就"命令"进攻，穷追不舍，一追就是几公里。

蜂王会分泌出一种物质，群蜂一闻到这种物质的气味，就会立即停止战斗，变得温顺起来。现在，这种物质已经能够人工合成了。研究专家将这种物质和一只蜂王放到自己下颌的长胡子上，手捧着蜂箱，杀人蜂爬满了他的脸庞，也都乖乖地不再刺蜇人了。

无刺蜂起源于非洲，随着蜂群队伍的不断壮大，其分布越来越广泛，并逐渐扩展到热带和亚热带的各个地区。在中国，它们占据了海南和云南西双版纳的原始林区。无刺蜂体型较小，没有螯针，体色一般为黑色或深褐色。

"蜜蜂中的异类"——无刺蜂

风格迥异的防御手段

无刺蜂性格温顺，通常不主动攻击人或动物。但是如果遇到敌人挑衅，没有螯针的无刺蜂也并不是那么好欺负的。

防御手段一：无刺蜂的后脚有一个胶体球，里面含有高黏性的蜂胶。它们会用蜂胶的黏性粘住敌人（如黄蜂）的翅膀，使黄蜂掉落在地上，然后咬住黄蜂，彻底消灭黄蜂。

防御手段二：无刺蜂会像黄鼠狼一样，释放出一种极其难闻的气体，会为自己赢得时间；有些物种会喷洒腐蚀性液体，溅得到处都是，极具杀伤力。

防御手段三：有的无刺蜂在人触碰其巢穴时，一些无刺蜂会立即钻入人们的头发、眉毛，甚至人的眼睛和耳朵。它们还会立即释放黏液，用下颚撕咬，引起不适。

在洞穴或树干中营巢

无刺蜂会选择在洞穴中或在中空的树干中营巢。它们的巢就像树洞里的长筒，密封性很好，只留下一个与外界沟通的小洞。有一些无刺蜂会筑巢在蚂蚁和白蚁弃用的巢、树根等地方，还有一些会在蚁巢中营巢，与白蚁或者蚂蚁共同生活。

别具一格的"港湾"

蜂巢内部分为卵虫繁育区、蜂蜜储藏区、花粉储藏区。卵虫繁育区通常占据最大的面积，是蜂王产卵的地方。这个区域被分成许多"小房间"，称为"卵巢室"。数量从1万到2万不等，形状像米粒。

蜂蜜储藏区通常放在巢底，里面有很多蜜罐。当蜜罐里装满蜂蜜时，无刺蜂中的工蜂会分泌蜂蜡来密封它。粉末储藏区也由多个粉末储藏罐组成，当贮粉罐装满花粉后，工蜂也会把顶部封起来。

喇叭状的蜂巢口主要具有消毒、防雨水、防沙尘及防外敌入侵等作用。而巢洞的尺寸则与蜂群的数量和蜂的大小有关。

棕胸无刺蜂与黄纹无刺蜂能造六角形巢房，而虹无刺蜂和黑腿无刺蜂只能造单个圆形的巢房。

天才建筑师——胡蜂

Dang'an 档案

又　　称：马蜂、黄蜂
分布区域：温带、热带地区
分　　类：节肢动物门—昆虫纲—膜翅目—胡蜂总科

胡蜂长得和蜜蜂相似，它们不会像蜜蜂那样采蜜，却能消灭很多害虫。胡蜂的毒针很厉害，千万不要去招惹它，它会在临死前向同伴发出信号，几秒钟之内这个伤害它们的人就会遭到胡蜂的围攻。

简朴美丽的外形

当胡蜂不飞的时候，一长一短两对透明的翅膀就会竖在身上，显得威风凛凛。

胡蜂的头部与胸部一样宽，橘黄色的外衣，上面还有些小点缀。在头部的前方并列着大而明显的复眼和三个闪亮的单眼，两条棕色的触角，呈"八"字形分开。它的腹部为淡黄色，中间的地方还有一条棕色的纹饰。

没完没了地吃花蜜

大多数胡蜂是不育的雌蜂，尽管它们的口器很锋利，但只有一条非常简单的消化道，所以只能吃甜甜的花蜜。它们没完没了地吃东西，上下颚是不停地动，但并不是为了自己，而是为了喂养巢中那些无数的饥饿的幼蜂。

"咔嚓、咔嚓"咬木头

胡蜂用来筑巢的材料多为草根、树皮或锯木屑，常筑在人家的窗前檐下、树杈上或土穴和树洞中。如果你看到一只胡蜂待在树枝上一动不动，不妨悄悄走过去，仔细听听。通常能听到它用下颚咬木头的声音。原来，它是准备建造房子呢！

努力建造纸房子

胡蜂收集腐木纤维、花茎甚至人类制造的纸和纸板，把这些东西细细嚼碎，混上唾液，吐出纸糊，建成墙壁。它的巢为纸质、单层，圆盘形，巢室为六角形，口朝下。空间不够时，就在原来蜂巢下方增建一层新巢房，外部再加一层纸质的封套保护，而且在侧面或下方开一个出口，形成多层的巢房。

蜂巢里生长

胡蜂的巢只用来养育幼虫。蜂巢的中心有个小小的巢房，蜂王在里面产卵后，所有的任务都交给工蜂。刚开始，工蜂喂幼虫蜜露或花粉。等幼虫慢慢长大，工蜂就会捕杀其他昆虫以哺育幼虫。幼虫成熟时，工蜂会将房室口封闭，形成蛹室。幼虫则在蛹室内化蛹。过一段时间成虫化蛹而出。

蘑菇园的主人——切叶蚁

Dang'an 档案

又　　称：蘑菇蚁

分布区域：中美洲和南美洲地区，墨西哥还有美国南部

分　　类：节肢动物门—昆虫纲—膜翅目—蚁科—切叶蚁亚科

在南美洲的热带丛林有这样一种怪蚂蚁，它们喜欢将树叶切成小片，再带到蚁穴里发酵，然后取食在发酵了的树叶上长出来的小蘑菇。这种蚂蚁叫切叶蚁，又叫蘑菇蚁。

分工明确的小社会

切叶蚁常常成群结队地出来活动，寻找剪切对象，队伍中有负责剪叶的中等大小的工蚁，还有担任警戒工作的小工蚁。不少小工蚁还会进行指挥，注意周围是否有敌害或阻碍物，同时还要检查叶片是否被污染了。

大力气的小个子

负责剪叶的工蚁呈红黄色，有着长长的腿。剪叶时它们用锋利的双颚将树叶切成指甲般大小的碎片，然后衔着碎叶片，排成整齐的长队往自己的巢穴里搬运。别看它们个子小，每分钟却可以行走大约 180 米，相当于一个成年人背着 220 千克的东西，以每分钟 12 千米的速度飞奔，其速度与体能真是让人惊叹啊。

神奇的蘑菇园

切叶蚁切树叶、搬树叶并不是为了吃树叶，是为了种"蘑菇"！它们把搬进洞里的树叶进一步细细咀嚼，与泥土搅拌在一起，当做肥料来培育蘑菇；碎树叶发酵时能产生热量，使蚁穴能够保持 25℃的温度，这样一来，哪怕是在冬天，切叶蚁照样能在洞中培育出新鲜的"蘑菇"。

它们分工精确，流水作业，精心施肥（幼虫或自己的粪便），当真菌长出一层白色的菌丝后，它们又用心剪枝。剪枝时，一种富含营养的液体从菌丝被剪断的部分流出，凝固成小球，这小球便是切叶蚁世代为生的食物。其实，切叶蚁的巢穴中的真菌，与我们食用的蘑菇属于同类。

　　南美洲当地的医生做外科手术时，常用切叶蚁来进行伤口的缝合。医生先将病人的伤口对合，让切叶蚁咬住缝合口，然后再剪下蚁身，留在伤口处的蚁头就成了最好的"羊肠线"，它们可以把伤口缝合得紧密无缝，伤口愈合后还不必拆线，可以减少病人的痛苦。

严防寄生蝇的攻击

　　切叶蚁的天敌是一种寄生蝇。有趣的是，这种寄生蝇特别喜欢把卵产在切叶蚁的脖子上，当蝇的幼虫孵化后，就钻进切叶蚁的头部，吃掉里面的大脑，直接杀死了切叶蚁。所以，切叶蚁随时都高度警惕寄生蝇的攻击。

档案 Dang'an

又　　称：虫尉、大水蚁

分布区域：遍布于除南极洲外的六大洲，主要分布
　　　　　在南、北纬度45°之间

分　　类：节肢动物门—昆虫纲—等翅目—白蚁科

蚂蚁是白蚁的天敌。为了食物，蚂蚁经常会趁白蚁外出的时候突袭白蚁的巢穴，甚至还会伏击白蚁。

全世界已知白蚁种类有3000余种。数百万只白蚁共同生活在一个庞大的群落中，它们喜欢气候炎热的地方。

伟大的建筑家——白蚁

白蚁和蚂蚁有什么不一样呢

白蚁与蚂蚁虽然同称为蚁，但白蚁属于较低级的半变态昆虫，蚂蚁则属于较高级的全变态昆虫。白蚁的触角是串珠形的，蚂蚁的触角则是曲膝形的；白蚁前后翅膀的形状和大小都相似，比身体长；蚂蚁的前翅膀却比后翅膀大，翅膀的长度与身体差不多；再从腹部来看，白蚁各节的粗细都几乎相等，蚂蚁则是腹基部很细，有较细的腰节。

破坏能力非常大

白蚁的体型十分小巧，可是它的破坏能力却非常大。成群的白蚁不但能够毁坏农作物，还能够危害树木的成长。如果它们入住到人类的家中，就会隐藏在房屋中的木结构中，并迅速地将其破坏，严重的还会造成房屋的倒塌，通常它们在短短的时间内就会给人们制造出重大的损失。

婚飞行为

每年的六月初，留意一下院子里的空地上方，经常会有长翅膀的黑蚂蚁飞来飞去。而且在窗台上，你会发现许多带着翅膀的蚂蚁爬行，仔细一看，是白蚁！原来，这个时节是它们一年一度"结婚飞行"的日子。当一只正在飞行的雌蚁遇见一只正在飞行的雄蚁后，它们就会交配。

蚁后产卵

交配后，白蚁的翅膀都会脱落。雌蚁会找一个合适的地方产下第一批卵。卵会孵化成工蚁，工蚁就开始建造巢穴。雌蚁接着在蚁巢里产卵，这时候的雌蚁也叫蚁后，它看起来很胖，一天能产下数千颗卵。它产卵的时候，工蚁会在旁边看守，并不断地把卵转移到卵室里加以保护。

兵蚁有强有力的颚

兵蚁不用干活，由工蚁喂养。所以它们身强体壮，有着巨大的脑袋和强有力的颚。

能盖出"摩天大楼"

白蚁总是根据种类和气候的不同，造出大小不一、形态各异的巢穴，而最大蚁巢能有几米高，它雄伟的屹立在草原上，就像摩天大楼一样壮观。为了建造这个特殊的巢穴，白蚁需要耗费几十年的时间。巢穴的内部通常是漆黑的一片，那里会被划分成不同的区域，而每个区域都有独特的用处。无论巢穴外的温度多么炎热，蚁巢中白蚁都会安全地生存下来。

"千里之堤，溃于蚁穴"

白蚁危害江河堤防的严重性在我国古代文献上已有较为详细的记载，近代的记载更为详尽。它们在堤坝内密集营巢，迅速繁殖，蚁道四通八达，有些蚁道甚至穿通堤坝的内外坡，当汛期水位升高时，这些堤坝常常出现管漏险情，更严重的则酿成塌堤垮坝的严重后果。

Dang'an 档案

又　　称：诱捕颚蚁
分布区域：广泛分布于热带和亚热带地区
分　　类：节肢动物门—昆虫纲—膜翅目—蚁科—
　　　　　猛蚁亚科—大齿猛蚁属

大齿猛蚁在我国较为少见，现已发现的约有 50 种。这种蚁性情勇猛，奔跑速度快，是蚁族内非常具有杀伤力的种类之一。它的上下颌是自然界闭合速度最快的食肉性动物之一，因而又被称为"诱捕颚蚁"。

具有强大爆发力的蚁
——大齿猛蚁

咬合速度最快的动物

经研究发现，大齿猛蚁上下颌闭合速度可达每小时 126~230 千米。也就是说，它可以在 0.13 毫秒内合嘴咬中猎物，这种速度是人类眨眼速度的 2300 倍。不但大齿猛蚁咬合速度快得让人无法相信，它们还长有非常发达的腭神经，咬合时十分有力。大齿猛蚁的体重很轻，只有十几毫克，但它们能将其体重 300~500 倍的食物轻松咬起，因而吃起猎物来十分轻松。

我们通常认为猎鹰飞行的速度极为神速,其俯冲的速度快达每小时 240 千米,但是,它们在俯冲时都是依靠地球引力和其他的作用力帮助俯冲,因而,无须借助任何外力的大齿猛蚁当之无愧成为动物界中上下颌闭合速度最快的动物。

炫酷高超的弹跳技能

大齿猛蚁在遇到敌人等紧急情况时,会使用一招独门绝技,即所谓的"逃生跳"。它的嘴巴直接对着地面合拢,其合嘴的力量将它们带到 8 厘米的高空,并且还可以落在 40 厘米外的安全地带,使自己逃离危险。这样的数据也可以理解为一个身高 1.67 米的人跳高至 13 米,然后在 40 米外落地,这种弹跳技能简直令人难以置信。

有人把这个过程比喻为拉弓放箭。可以理解为:在强有力的头部肌肉带动下,蚁嘴张得很大。积蓄一定力量后,上下颌以极快速度闭合,释放出很大的冲力,把大齿猛蚁弹到空中。在落地的过程中,它们并不会受伤,在着陆前,它们通常会打一个滚,然后再继续前行,聪明的它们,还会常常在跳跃的过程中抓些用以垫背的东西。

具有火焰般的破坏力——红火蚁

又　　称：外引红火蚁、泊来红火蚁
分布区域：美洲的热带和亚热带地区、印度、非
　　　　　洲、太平洋岛屿等地
分　　类：节肢动物门—昆虫纲—膜翅目—蚁
　　　　　科—切叶蚁亚科—火蚁属

红火蚁的外形和蚂蚁很相近，兵蚁体长
3~6毫米，工蚁体长2~6毫米，头部有2
根10节的触角，整个身体除了腹部是黑色
的以外，几乎都是鲜艳的红色。成群的红火
蚁聚在一起，就像一片火焰，因而得名"红
火蚁"。

蚁巢里分工明确

红火蚁也是一种社会性昆虫。一个成熟
的蚁巢会有5万~50万只的红火蚁。在这
个庞大的社会群体中，有负责做工的工蚁，
有负责保卫和作战的兵蚁，还有负责繁殖后
代的生殖蚁。生殖蚁包括蚁巢中的蚁后和长
有翅膀的雌、雄蚁。

红火蚁的寿命与体型的大小有关，一般小型工蚁寿命为 30~60 天，中型工蚁寿命为 60~90 天，大型工蚁为 90~180 天。蚁后寿命较长，在 2~6 年。

繁殖能力强悍

红火蚁一生经历卵、幼虫、蛹和成虫 4 个阶段，共 8~10 周。雄蚁交配后不久便死去，受精的蚁后建立新巢。蚁后每天可产 800 粒卵，一个有多只蚁后的巢穴每天可以产生 2000~3000 粒卵。当食物充足时产卵量还可以更大。

大小动物都不敢惹

红火蚁什么都吃，不仅捕杀昆虫、蚯蚓、青蛙、蜥蜴、鸟类和小型哺乳动物，也采集植物种子。甚至对于大型的动物，它们也毫无畏惧，而且会针对对方的弱点进行攻击，在攻击时会优先攻击猎物的眼睛等要害器官。如果被它们叮咬，隔一天，叮咬部位就会出现水疱，伴随着灼烧般的剧痛。

破坏环境数它强

红火蚁不仅在昆虫王国中名声不好，在人类世界中的名声也不好。它之所以恶名昭著，是因为其可怕的破坏力。世界自然保护联盟把它列为最具破坏力的入侵生物之一。在美国南部已有 12 个州超过 100 亿平方米的土地被入侵的红火蚁所占据，它们对美国南部这些受侵害地区造成的经济上的损失，每年数十亿美元。

Dang'an 档案

又　　称：军团蚁

分布区域：亚马逊河流域

分　　类：节肢动物门—昆虫纲—膜翅目—蚁
科—行军蚁亚科—行军蚁属

行军蚁喜欢群体生活，一个群体可达一二百万只，且没有固定的住所，一生都在迁移中度过，因而得名。它们体型非常小，但是一旦合起来组成大军队，那就没有什么让它们所惧怕的了。

恐怖的团队力量——行军蚁

行动中的大军

行军蚁，顾名思义，即为行动中的大军。它们每天都在不断地行走，而且行走速度很快，一般一小时可以移动 2000 米。寻找猎物、吃掉食物和搬运食物是其白天的主要任务。到了晚上，蚁群会形成一个巨大的蚂蚁团，抱在一块休息。蚂蚁团的最外圈是体力较好、数量最多的工蚁，兵蚁和幼蚁被抱在中间，这样可以保护下一代的正常成长。

无所畏惧的团队

行军蚁的队伍力量很大，任何障碍对于它们来讲都不是问题。碰到沟壑，它们可以形成蚁桥，让大军通过。如果遇到更宽一点儿的沟渠，它们也不会退缩，会毫无迟疑地冲下，直到把沟壑填平，让大军通过。在面对那些困难时，为了保证大军继续前进，有很多蚂蚁都被冲走或者丢失，但是它们绝对不会有任何退缩的念头，这种舍小求大的精神实在令人敬畏。

行军蚁一般分布在深邃的热带雨林里，当它们在林中穿行时，即使是豹子、蟒蛇碰到了它们也会退避三舍。这浩浩荡荡的大部队横行于森林中，它们的团队力量正是它们生存的必杀技。

令人生畏的猎食

行军蚁不光行走能力超强，它们的捕猎能力也让动物界各大类群闻风丧胆。蟋蟀是行军蚁的日常美餐，虽然蟋蟀的身体比行军蚁大上百千倍，它们对付几只行军蚁确实不用费多大事，但是当它们碰到行军蚁的大批部队时，它们的强壮却无济于事，只一会儿的工夫就会被其撕成碎片。在行军路上，如果能在饥饿的时候碰到一头野猪，那对于行军蚁来讲，就是更值得高兴的事了。

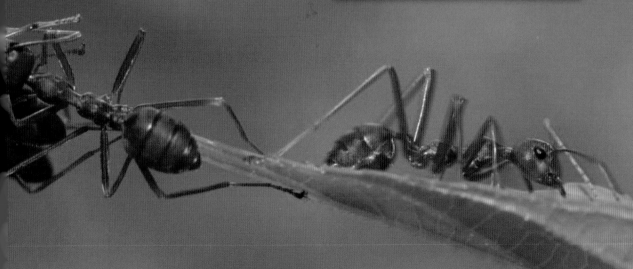

　　行军蚁的作战手法以其数量多、目标一致、齐心合力而著称，狮子、老虎这些猛兽在见到行军蚁时也会闻风丧胆。行军蚁的唾液有毒可以轻易地麻痹猎物，然后它们不等猎物死亡，就开始撕咬、吞咽猎物，往往使猎物在短时间内丧生。可见，行军蚁确实够凶残。

　　凶猛的行军蚁也是有弱点的，那就是它们是看不见东西的，有些小昆虫就利用行军蚁这一弱点逃生。然而这也需要极大的胆量和内心的镇定，面对数百万只蚂蚁时，小昆虫必须做到完全静止不动，如果它有一丝动静，行军蚁便会有所发觉而对其进行攻击。

产卵能力一样出色

　　行军蚁在休息期时会进行繁殖活动。蚁后相当于这支行军蚁部队的产卵器，其行军的过程其实就是不断产卵的过程。当行军部队驻营的时候，蚁后的卵巢便飞快地发育膨胀起来，7天左右，它便可产下数十万粒卵，并可同时产出6粒左右最后可以孵化成为新蚁后的卵，还会同时产出1000多枚能够发育成为雄蚁的卵，其强大的产卵能力简直能与其行军能力相媲美。

　　在休息期结束时，原蚁后会自然死去，工蚁会将它的卵带到另外一个地方去照料，等到新蚁后孵化出来之后，新蚁后又将开始一个新的生活周期。而那些雄蚁为了避免近亲繁育，便会尽快飞走，飞到别的蚁群里边与其中的蚁后进行交配。

第 **7** 章
长得像昆虫却不是昆虫

天生的编织艺术家——蜘蛛

D ang'an

又　　称：网虫、扁蛛、园蛛、八脚螅、喜子、波丝
分布区域：全球性分布
分　　类：节肢动物门—蛛形纲—蜘蛛目

　　有人认为蜘蛛是昆虫，这是天大的误会，其实它们是属于蛛形纲节肢动物。蜘蛛的身体只分为两部分，即头胸部（头与胸是合在一起的）和腹部，有的种类甚至连这两部分也是合在一起的；它们没有触角；它们的头胸部有一对螯足、一对脚须和四对步足。

带毒爪的昆虫杀手

　　蜘蛛和昆虫有着不解之缘——它们历来将昆虫作为"盘中餐"。蜘蛛对人类的最大贡献，就是能有效地控制害虫。它们大多结网捕虫，在山野林间、农田果园或屋檐窗边，都有它们的足迹。据估计，全世界的蜘蛛一天消灭的昆虫，其重量比全球人口的总重量还要大，比杀虫剂所杀的昆虫还要多。

娴熟的结网能手

蜘蛛的腹部有一个非常特殊的组织，名叫"纺织腺"，能源源不断地分泌一种黏液，并且会流到肚子后面的小孔里。蜘蛛想要吐丝时，只要胀起肚皮，就会由小孔喷出许多黏液，这些黏液一接触空气，就能凝结成很韧的蛛丝。

蜘蛛网可不是蜘蛛的窝，而是为了捕捉小虫设下的圈套。蜘蛛通常把窝搭在蜘蛛网附近的墙缝或树洞里。蜘蛛则躲在窝里，有一根蛛丝与网连接，一旦有小虫粘在网上，蜘蛛就会立刻感觉到，然后出洞把它吃掉。

世界上最毒的蜘蛛

已知世界上最毒的蜘蛛当属黑寡妇蜘蛛了。黑寡妇蜘蛛属于大型蜘蛛，成年雌性蜘蛛伸展腿时，身长可达 38 毫米，腹部呈亮黑色，并有一个红色的沙漏状斑记，雄性蜘蛛比较小，大约只有雌性蜘蛛的一半。

黑寡妇蜘蛛通常生活在温带或热带地区，一般以各种昆虫为食，偶尔也捕食虱子、千足虫、蜈蚣和其他蜘蛛。当猎物被缠上网后，黑寡妇就迅速从栖所出击，用坚韧的网将猎物稳妥地包裹住，然后刺穿猎物并将毒素注入。这种毒素作用于动物的神经，10 分钟左右就会起效，人被咬后会有剧痛、恶心及轻度麻痹的感觉。

蜘蛛的腿上长满了细微的绒毛。蜘蛛就是用这些绒毛来"听"声音的。尽管蜘蛛不能分辨出每种声音到底是什么样的，但它能够确定声音来源的方位，还能区分出是敌人还是猎物发出的声音，这样它们就可以避开危险，安全地捕获猎物。

背着房子行走——蜗牛

Dang'an 档案

又　　称：蜗蒌牛、驼包蜒蚰

分布区域：全球性分布

分　　类：软体动物门—腹足纲—肺螺亚纲—柄
　　　　　眼目—蜗牛科—大蜗牛科

蜗牛是指腹足纲的陆生所有种类，包括许多不同科、属的动物。以植物为食，产卵于土中或者树上。在热带岛屿比较常见，但有的也生存在寒冷地区。树栖种类的色泽鲜艳，而地栖的通常有几种接近的颜色，一般有条纹。

坚硬的蜗牛壳

蜗牛的壳一般分为左旋壳和右旋壳，它的心脏、肺等很多重要的器官都在壳中。因为有了壳的保护，蜗牛才能够抵抗外界的寒冷和躲避天敌的攻击。如果壳破了蜗牛会自己立刻把它修补好，但是如果破得太厉害，自己修补不好的话，它就会死掉。

蜗牛的壳并不光滑，上面有一些细细的螺纹，壳口有的方向向左，有的方向向右。随着蜗牛慢慢长大，它的壳跟着变大，壳上螺纹的数目也会跟着增加。一只刚孵出来的小蜗牛，壳上大约只有一个半螺纹，等到两个月以后就可能变成三个螺纹了。

喜欢潮湿阴暗的环境

蜗牛特别喜欢呆在潮湿阴暗的环境，因为害怕自己身体里的水分流失掉。如果长时间脱离潮湿的环境，它可是会因脱水而死亡的。蜗牛会经常把自己的身体缩进壳里，再分泌出一层薄膜将壳口封闭起来，以防止这种情况的发生。

花园里的破坏专家

当小蜗牛发现一块可以食用的瓜片时，就会小心翼翼地爬到上面，"咔咔"地啃起来。在它软软的嘴中，长着一条非常锐利的齿舌，齿舌上有两万多个牙齿。它就是依靠这些牙齿将食物啃出一个个的小洞，然后再一点点吃掉的。蜗牛还喜欢吃植物的叶和花，是花园里的破坏专家呢！

缩进壳里冬眠

冬天，蜗牛的整个身体会缩进壳里冬眠，壳口还覆盖一层很薄的膜。这个膜不但透气性非常好，而且还能够阻挡外来物的侵入，同时保证壳内的身体水分不会流失掉。蜗牛就是这样在壳中不吃不喝，度过寒冷的冬天。

蜗牛不但以冬眠来度过严寒，而且还用夏眠来抵抗酷热和干旱。在非洲热带草原地区，干湿季节比较明显。每当干旱季节到来的时候，植物都枯黄了，干旱且酷热，使蜗牛不得不以夏眠的方法来缩食，以度过干旱和炎热。

蜈蚣比较常见，它的身体呈长条形，有很多条腿，也以此闻名。蜈蚣的头部为黑褐色，青褐色的触角细长且柔软，可随意弯曲或盘绕。身体较软，由近20个体节构成，每一体节呈长方形，背面棕褐色，侧面肉色，并具一对足。足细短，末端尖锐，为淡蓝色，有淡黄色不规则斑纹，各足由数节构成，节间有黄褐小斑。腹末端为黑褐色，有较细长的蓝黑色附肢。

Ｄang'an 档案

又　　称：吴公、天龙、百脚
分布区域：世界性分布
分　　类：节肢动物门—多足纲—蜈蚣目

多足的剧毒杀手——蜈蚣

毒杀猎物

蜈蚣爱吃蟋蟀、蝗虫、金龟子、蚂蚱、蜘蛛、蚯蚓、蜗牛等，不可思议的是，它连大它很多倍的青蛙、老鼠也吃。

蜈蚣捕食动物的方法就是"下毒"。猎物一旦被咬住，它们就用尖锐的颚把毒素注入猎物体内。小动物立即中毒死亡，大动物的伤口则会红肿，数天疼痛难忍，丧失反抗能力，任蜈蚣摆布。

在进化中，蜈蚣的第一对脚变成了一对毒颚，叫颚足，上面长着利爪和毒腺。而最后面的脚也变了，向后大大的延伸，看上去像尾巴一样。

我国民间过端午节的时候，人们有饮黄酒避"五毒"的习惯。这五毒是指：蜈蚣、蛇、蝎子、壁虎和蟾蜍。而蜈蚣则是五毒之首，可见它的毒性有多大。

不爱光爱钻缝儿

蜈蚣最讨厌阳光了，它们整年都生活在阴暗、潮湿、能避雨的地方。它们白天躲在家里睡大觉，夜里才出来活动，寻找食物。除此之外，蜈蚣钻缝儿的能力也特别强，经常用灵敏的触角和扁平的头板对缝穴进行试探，然后就钻进去。

娇气得像"小姐"

既怕热又怕冷，蜈蚣怎么忽然变成了"娇小姐"，完全没了"下毒"的威风。原来，它们只有在 25～32℃的时候才活动自如。如果温度低于 15℃，它就很少吃东西；如果温度再低一点儿，低到 10℃以下，它就停止一切活动，进入冬眠。温度高了也不行，当温度高于32℃时，蜈蚣因为体内水分散失，就什么都干不成了；再高一点儿，达到 35℃以上，蜈蚣就要干枯死亡了。

夜间出行的毒物——蝎子

Dang'an 档案

分布区域：山、雨林、沙漠、荒漠等地域
分　　类：节肢动物门—蛛形纲—蝎目

蝎子不是昆虫，而是蛛形纲动物。它们的典型特征包括瘦长的身体、螯、弯曲分段且带有毒刺的尾巴（后腹部）。它们的家族庞大，种类也很多。大多分布在热带、亚热带、温带地区。有些分布在墨西哥、印度尼西亚、印度等地的毒蝎能致人死亡。

数亿年前的古老物种

早在大约四亿五千万年以前，世界上就出现了蝎子。它们可真是古老的动物啊！那时的蝎子和它们的亲戚蜘蛛就更不像了，因为它们像鱼一样长着鳃，是水栖或两栖动物，经过漫长的演变，它们才成为了真正的陆栖动物。

无论大小都有毒

蝎子喜欢吃无脊椎动物以及蜘蛛、蟋蟀、小蜈蚣、多种昆虫甚至是小型壁虎。蝎子捕食时，用前肢将猎物夹住，后腹部（蝎尾）举起，弯向身体前方，用毒针蛰刺猎物。蝎子尾巴的最后一环不仅具备毒针，而且上面密布颗粒状突起，毒腺外面的肌肉收缩，毒液就会从毒针的开孔流出。

蝎子无论大小都有毒，只是毒性大小不同。大多数蝎子的毒素足以杀死昆虫，但对人无致命的危险。人被蝎子蜇伤后，蝎毒可以迅速进入人体血液，刺激神经并产生强烈的疼痛感。人在被蝎子蜇伤后，往往会痛得"哭天喊地"。不过，要当心那些钳子细小但是尾巴肥大的蝎子品种，其往往是高毒性品种。

蝎子对各种强烈的气味，如油漆、汽油、煤油、沥青以及各种化学品、农药、化肥、生石灰等有强烈的回避性，可见它们的嗅觉十分灵敏，这些物质的刺激对蝎子是十分不利的，甚至会致死。

害怕强光的刺激

蝎子喜暗怕光，尤其害怕强光的刺激，但它们也需要一定的光照度，以便吸收太阳的热量，提高消化能力，加快生长发育的速度，以及有利于胚胎在孕蝎体内孵化。

Dang'an 档案

又　　称：地龙、曲蟮、坚蚕、引无
分布区域：海洋、沙漠和终年冰雪区极为少见，
　　　　　其他生态系统均有分布
分　　类：环节动物门—环带纲—单向蚓目

蚯蚓是陆地生态系统中最重要的大型土壤动物之一，属于寡毛纲后孔寡毛目，目前全球已记录的陆栖蚯蚓约 2500 多种，其中中国有 229 种。蚯蚓存在于世界大多数生态系统中，被称为"生态系统工程师"。

生态系统工程师——蚯蚓

圆滚滚的长身子

蚯蚓的身子圆滚滚的、长长的，整天在泥土里钻来钻去。蚯蚓的身体两头略尖，细细观察，你会发现它身体外面的一层是一环一环连起来，它身体上的环节有 110 ~ 180 节呢！

害怕光线的照射

蚯蚓既没有眼睛，也没有鼻子、耳朵，表皮有许多感觉细胞，对光线特别敏感，无法承受阳光的直接照射。因为阳光对它们是有害的，阳光的直射尤其可怕，会让它们膨胀而死。

通常蚯蚓的身体除腹部以外都能够感知光的强弱，这种感觉器官在身体的前端较多，身体的后端较少，所以对光的反应前后端还是有差异的。

一伸一缩地爬行

蚯蚓没有脚，只能靠身体环肌和纵肌的交替伸缩，以及体表刚毛的配合，来爬行。当蚯蚓前行时，身体后部的刚毛钉入土里，使后部不能移动，这时环肌收缩、纵肌舒张，身体就向前伸长；接着，身体前部的刚毛钉入土里，使前部固定，这时纵肌收缩、环肌舒张，后部身体就向前收缩。这样一伸一缩，蚯蚓就前进了。

如果把蚯蚓放在光滑的玻璃上，它的刚毛无处可钉，因此只能原地踏步了！

使土壤变得疏松

蚯蚓借助自己特殊的身体构造，很容易就钻进土壤里，并常常躲在里面。就这样，在土壤里面，有很多蜿蜿蜒蜒的道路，都是蚯蚓经过的地方。因为蚯蚓在土壤里这样钻来钻去，土壤变得日益疏松。

使土壤变得肥沃

蚯蚓身体的前端有一个肉质的突起，叫口前叶，它膨胀时，蚯蚓就能摄取食物；它收缩变尖，蚯蚓就能挤压泥土、挖掘洞穴了。它吃东西的时候，能促进土壤成分的分解，使其中的营养成分渗入土中。另外，它的排泄物里含有多种养分，可以使土壤变得更加肥沃。也就是说，如果没有蚯蚓，泥土很快会变得坚硬，长不出任何植物了。

感觉快下雨时会钻出土壤

蚯蚓能通过自己的皮肤知道是否要下雨。一旦下雨，蚯蚓可就危险了，因为水可能会灌满整个地下隧道，把它淹死。所以，蚯蚓感觉到快下雨的时候，会赶快到地面上来。

蚯蚓能再生

当蚯蚓被扯成两段时，断面上的肌肉组织会立即收缩，一部分肌肉便迅速溶解，形成新细胞，使伤口迅速闭合；一些原生细胞，会以最快速度迁移到切面上来，与自己溶解的肌肉细胞一起，在断面上形成结节状的再生芽；同时，体内各个组织的细胞会进行大量有丝分裂。就这样，随着细胞的不断增生，缺少头的一段的切面上会长出一个新的头来，缺少尾巴那一段的切面上会长出一条新的尾巴来。

蚯蚓一天排出的粪便重量与它自身的重量是相等的。

蚯蚓的头尾很好分辨，它的头部比尾部尖，尾部比头部厚。如果轻轻地捏着蚯蚓的尾部，会发现它的头动来动去，并且身体拉长，努力探向地面。把蚯蚓拽在手里，蚯蚓会设法挤出去。当蚯蚓松开身上所有的体节时，它的体长会是原来的2~3倍。